咖啡入门100问

（韩）田光寿咖啡培训学校　著
具仁淑　审
金红华　译

辽宁科学技术出版社
·沈阳·

序言

我以田光寿咖啡这个名字从事咖啡相关工作已经接近20年了。从经营咖啡工厂开始到创办咖啡培训学校和咖啡专卖店，在很长的一段时间里，我因为咖啡结识了很多人。

尤其是在田光寿咖啡培训学校，我接触了不同年龄段和不同行业的人。他们的想法和目的虽然各不相同，但对咖啡的喜爱和好奇却是相同的。也许正是这个原因，在接受培训期间，大家抛出了很多问题并对此进行了深层次的讨论。我在授课中发现，很多被提出的问题存在着共性，这些问题从最基础开始逐渐向高水平阶段发展。此情此景，让我倍感自豪的同时也切身感受到担负责任的重大。

本书收集了在咖啡培训课中被提到的众多问题及其回答，从中甄选出大家最常问到的100个问题。因此，即使是咖啡入门者也容易理解。从咖啡的基础知识到烘焙操作，我按顺序进行了整理。更深层次的内容将在以后进行解释。

最后，本书与现有咖啡相关的专门书籍相比多少有些不同。本书从策划，对内容的甄选到确定整体顺序、脉络和框架，直到出版经历了漫长时间，培训学校的全体老师付出了很多辛苦。在此向付出辛劳的老师们表示由衷的感谢，也向培训学校众多毕业生和学员表示真诚的感谢。

田光寿

目录

问　题

001

: :

咖啡是如何做出来的呢?

咖啡的制作过程可分为3步。

生豆

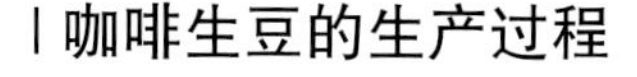

咖啡生豆的生产过程

咖啡最基本的原材料生豆(Green Bean)是指咖啡果实内的种子。咖啡树种植在具有能够满足其生长的气温、降雨量、海拔高度以及土壤等各种复杂条件的地域，即以赤道为中心的北回归线和南回归线之间的众多国家。

烘焙后的咖啡豆

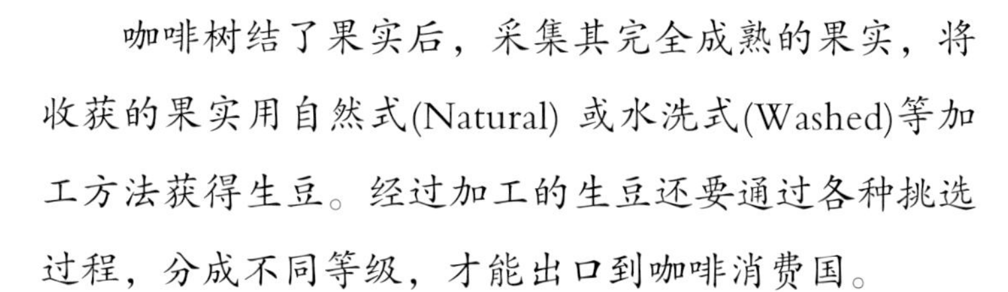

咖啡树结了果实后，采集其完全成熟的果实，将收获的果实用自然式(Natural) 或水洗式(Washed)等加工方法获得生豆。经过加工的生豆还要通过各种挑选过程，分成不同等级，才能出口到咖啡消费国。

咖啡豆的烘焙过程

生豆到达咖啡消费国后并不能马上食用，还需要再一次加工。我们将此加工称为“烘焙”。生豆自带着草味和腥味，经过了烘焙之后才能脱胎成为具有多种香气和风味的咖啡豆(Roasted Bean)。这种烘焙过程以前很难见到，但是现在出现了很多小型咖啡烘焙工坊之后，经常能够看到烘焙咖啡豆的场面。

咖啡的萃取过程

为了将咖啡豆制作成咖啡还要经过一次粉碎咖啡豆以及利用水溶解咖啡豆成分的萃取过程。

咖啡的萃取过程通常都在“咖啡馆”进行。咖啡馆会配备全套的咖啡工具，从低端的萃取工具到高端的萃取装备一应俱全。再搭配咖啡师的制作技术，就可以做出一杯美味的咖啡。咖啡师们都为了制作最纯正的咖啡不断努力着。

制作一杯香浓的咖啡需要具备优越的栽培环境和加工技术，需要烘焙师完美的烘焙过程，还需要咖啡师恰到好处的萃取方法，最后需要的是无可挑剔的服务，以此来吸引客人慕名而至。

问 题

002

: :

什么环境适合种植咖啡树呢？

韩国的自然环境并不具备咖啡树生长的自然栽培条件，但也有一些地区利用塑料大棚进行小规模栽培，比如济州岛、江原道、全罗道。下面让我们来了解一下咖啡树的栽培条件吧。

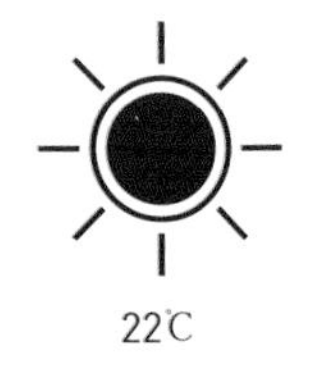

气温

最好是平均气温为22℃的高海拔地区。气温高易结果实，但过多种植会导致绿病发生率上升；相反气温过低则树木的生长速度慢，收成低。

日照量

绿色植物利用日照进行光合作用。阿拉比卡种的咖啡树最适合在25℃的环境进行光合作用，在此之上的高温不利于光合作用，因此会在树荫下进行栽培。

降雨量

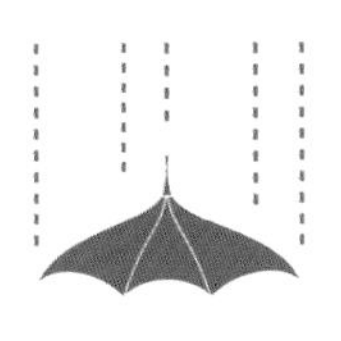

需要年降雨量在1,200~1,600mm。在旱季和雨季分明的产地，大部分的咖啡树能够同时开花；但是在气温变化小、没有旱季的地方，咖啡树的开花时期各不相同，在其咖啡花凋谢之后需要经过很长时间才能收获。

咖啡树只有在具备了气温、光照量、降雨量、高纬度、土壤等基本栽培条件的地域才有自然栽培的可能性。不管怎么说，不用自然栽培而想通过塑料大棚的人工栽培方法收获大量的高品质的生豆是很难的。

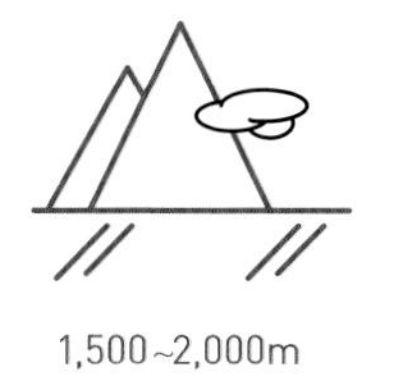

海拔高度

想要收获具有水果酸味和浓郁香味的生豆，咖啡树种植地的最理想海拔高度是1,500~2,000m。因为1,500~2,000m的海拔高度，日夜温差大，咖啡樱桃(Coffee Cherry)能充分发挥收缩和弛缓作用。

土壤

适宜生长在磷、硝酸、钾等矿物成分丰富的火山土壤和排水通畅的土壤中。

问　题

003

: :

咖啡树从种植到收成需要多长时间?
咖啡树的寿命一般是几年?

咖啡树在选种播种后经过30~60天就可以发芽，发芽后经过大约10周会出现双子叶，之后再经过6~18个月的遮阴栽培，然后将其壮苗移栽到种植地。

移栽到种植地的苗木2~3年后第一次开花，花期为3~4天，花谢了就会结果子。随后的6~9个月咖啡樱桃成熟后就可以收获了。

能够收获的最健硕的果实源自树龄为5~15年的咖啡树，咖啡树的寿命通常是40年左右。

有时会留下几棵作为研究用，其余全部砍掉。在夏威夷，大部分农场通过持续的嫁接可以将咖啡树的寿命延长至100年以上。

阿拉比卡种咖啡树

夏威夷的百年咖啡树

问 题

004

: :

在咖啡豆的名字后面除了有产地名之外，有时会有日晒、密处理、水洗等标识。这些指的是什么，它们之间有什么差异呢？

日晒式、水洗式等标识指的是生豆的加工方法。尚未进行烘焙的豆子通常叫生豆，生豆是指结在咖啡树上的果实里的种子。我们吃水果时主要吃果肉，丢掉种子，然而对于咖啡果实，不取果肉而是取种子。其原因是咖啡果实和其他果实不同，其果肉部分的黏糊糊的胶质包裹着咖啡种子。所以人们就丢掉胶质的果肉，吃里面的种子。

我们来看一下，生豆是如何被取出来的。

加工过程

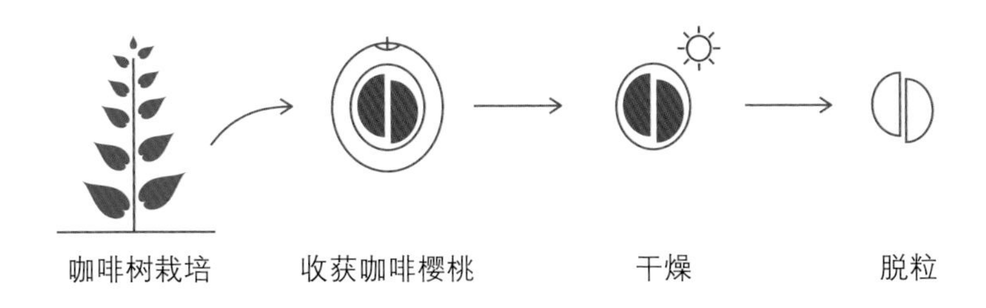

丨咖啡樱桃断面

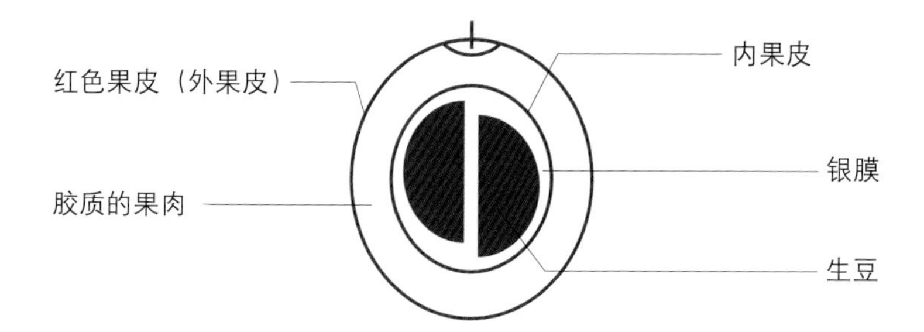

烘焙咖啡豆时需要的是附着银膜的生豆。要将生豆从成熟的果实中剥离首先要剥开果皮。咖啡樱桃的去皮方法大体可以分为3种。

丨自然加工干燥法

Natural Process

将收获的果实直接放在阳光下日晒，大约两周后果皮干到一定程度后就可以脱皮了。

因为果肉中的成分或多或少会吸附在生豆中，因此会在咖啡豆中感受到很多的水果香味和甜味，口感很好。

丨果肉自然干燥法

Pulped Natural Process

也可以叫作蜜处理。果实先经过果肉采集器后，就会留下表面附着胶质的内果皮状态，之后在日光下干燥7~12天就可以脱粒了。和自然加工干燥法相同，果肉中的成分一部分会附着在生豆中，因此可以感觉到水果香味和甜味。由于比自然加工干燥法的用时短，因此可以减少在自然加工时偶尔发生的过多发酵等问题，能够感觉到更为纯净的香味。

丨水洗式加工干燥法

Washed Process

去果肉后将胶质的内果皮浸泡在水桶里，将有糖分的果肉进行发酵。经过12~72小时，在果肉发酵分解到一定程度后重新用清水洗净内果皮，将光滑的内果皮晒4~10天，然后去壳。水洗式加工干燥法的重点是先通过发酵分解去除胶质果肉，再用清水洗净。由于是去除大部分果肉后进行干燥，因此发酵过程中酸度提高，与自然干燥法相比酸味更强，咖啡豆的味道更纯净。

将加工方法细分为若干种，是因为不同的加工方法会导致生豆具有不同的特性。

另外影响咖啡香味的要素有品种、种植条件、加工方法、烘焙程度、萃取条件等复杂而多样的变数，因此可以根据自己的喜好，展现咖啡的多样性，掌握好自己的标准。

问 题

005

: :

咖啡作为一种农作物，会不会受到病虫害的危害，或者在流通和储藏过程中发生变质呢？比如，购买的水果中也会有腐烂的或遭蛀虫啃食过的。生豆中有这种情况吗？

生豆作为农作物，每年的收成当然不会相同，很大程度上会受到当年的气候条件的影响。

近几年世界上发生了多次严重干旱和大规模洪涝灾害，这种气候的变化给咖啡种植产地带来了严重的病虫灾害。这些因素对生豆产量带来了很大影响，最近生豆市场热议的话题是生豆生产的可持续性，并从多个方面对它进行了研究。

为了降低生豆在储存过程中变质的量，在加工时将其水分含量控制到12%~13%。但是仍然是有水分的状态，因此在流通时易发生变质。为此最近在生豆包装上也有了变化。比如以前用通风良好的黄麻或合成纤维袋子包装，但是因为过于通气就存在水分减少过多的缺点。为弥补这一不足，现将生豆装在特殊材质的塑料袋子后再装入其他袋子进行双重包装或利用真空包装将水分减少的量降到最低。

问　题

006

: :

生豆也分等级吗？那评判的标准是什么呢？

在产地，生豆经过加工干燥后，为了保持生豆的水分稳定，会以内果皮状态经过大约2个月的休止期后进行脱粒。

通过脱粒工序将内果皮剥离，这样才露出我们熟知的绿色的生豆，之后进行生豆分类的加工。因为培育出的生豆并不具有同样的商品价值，因此要通过一系列的筛选来甄别生豆的好坏。生豆等级分类标准主要有3种。

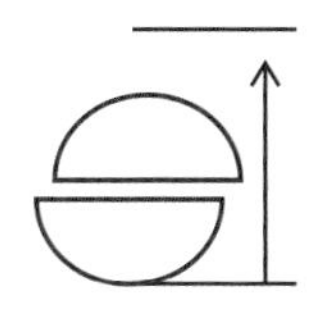

按照生豆大小进行等级分类

测量生豆大小的单位叫筛号(Screen Size)，测量筛号的工具叫过滤网(Screener)。

1筛号为1/64ft，为0.4mm。用数字标记筛号，通常可分为数字10~20。生豆的大小不是烘焙后影响咖啡香味的等级分类标准。

按照栽培海拔高度进行等级分类

主要是在中美洲的原产地广为使用的等级分类标准。

在栽培海拔高度为1,200m以上的高山地种植的咖啡树产的生豆上用SHB、SHG 等做标识。

栽培海拔高度对烘焙过的豆子香味有着很大影响，因此属于咖啡香味的等级分类标准。海拔高度越高，日夜温差越大，豆子的香味会更为丰富。

栽培海拔高度	等级
1,400m 以上	极硬豆 SHB(Strictly Hard Bean), 高地 SHG(Strictly High Grown)
1,200 ~ 1,400m	硬豆 HB(Hard Bean), 中高地 HG(High Grown)
600 ~ 900m	优质水洗豆 PW(Prime Washed)
600m 以下	良质水洗豆 GW(Good Washed)

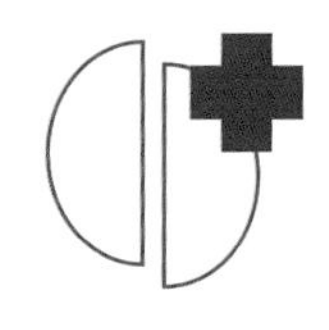

按照瑕疵豆进行等级分类

生豆在栽培或加工干燥过程中会有异物混进来或带有各种瑕疵豆，将混有这种瑕疵豆的生豆进行烘焙，会影响咖啡豆的味道。

瑕疵豆是指带有小石头或树枝等异物的豆、没有脱落干果实或内果皮的豆、腐烂的黑豆或过度发酵的豆、被虫子啃食的豆、发霉的豆、未成熟的豆、贝壳模样的贝壳豆、碎豆、表面像葡萄干的褶皱豆、丢失水分的干瘪豆、混有果皮和内果皮碎屑的豆等。

小石头、树枝

干果实

黑豆

发酵豆

问　题

007

: :

生豆也有保质期吗?

并没有规定限制的保质期。但是生豆作为农作物，要根据首次收获时的含水量的保存程度来评价其作为原材料的价值。

生豆在脱粒后根据储存条件水分状态也不尽相同。

首先储存生豆的仓库要注意通风和湿度、温度调节。如果储存条件不好，即使是高品质的生豆也容易变质。储存在过湿或高温的仓库里，生豆水分含量会变高，容易腐烂。另外储存在过于干燥且低温的仓库里，生豆水分含量会很快降低，烘焙时香味会减弱。

另外，在季节变化明显的地方，冬天如果储存不当的话，生豆会冻得死死的，到了温暖的春天，生豆解冻后会出现突然水分减少的白化现象，这种生豆烘焙后，由于含水量不均匀而出现斑驳的结果。因此适宜的储存条件是温度要保持在凉爽的20℃，湿度在50%，遮光通风好，离墙壁20cm远，在地面上铺上木头，不要让装生豆的袋子直接触及地面。

生豆从收获算起一年内的生豆叫作新豆，1~2年以内的生豆叫作陈豆，2年以上的生豆叫作老豆。很多人为了浓郁的香味选择新豆，但并不意味着陈豆和老豆就是不能食用的豆子。

问 题

008

: :

在市场上销售的“阿拉比卡100”中的“阿拉比卡”是什么意思呢?

Arabica

“阿拉比卡100”中的
“阿拉比卡”指的是咖啡的种类。

咖啡作为双子叶植物属于茜草科，目前主要栽培阿拉比卡种咖啡和中果种咖啡两种。

阿拉比卡种咖啡细分为铁毕卡亚或波旁等品种，中果种咖啡的代表品种是罗布斯塔。罗布斯塔种相比阿拉比卡种，价格低廉又能大量生产，更适合制作生产成本低的速溶咖啡。

但是最近随着重视咖啡品质和香味的消费人群增加，香味更为丰富的阿拉比卡种也在速溶咖啡市场上广受欢迎。

阿拉比卡种和中果种的比较

	阿拉比卡种	中果种
原产地	埃塞俄比亚的高原地带	热带西非地区
栽培地区	非洲高原地带・西海岸、也门、印度、巴布亚新几内亚 越南、中美洲地区 南美高原地带 加勒比海、夏威夷等	西非・中非地区、印度、印度尼西亚、菲律宾、泰国等地区、巴西热带区域等
适合温度	15~24℃	20~30℃
适合降雨量	1,500~2,000mm　耐干旱	2,000~3,000mm 不耐干旱
适合栽培（海拔）高度	700~2,000m　倾斜地区	700m以下低平地地区
果实成长期	6~9个月	9~11个月
繁殖	自花授粉	他花授粉
咖啡因含量	1.0%~1.7%	2.2%~3.4%
脂肪含量	13%~17%	7%~10%
品质	香味丰富 花香、果香 香甜的坚果类香 甜甜酸酸的酸味	香味清淡 大麦茶或玉米茶一样的香味 苦味强烈
代表品种	铁毕卡亚种或波旁种等 卡图拉种、门多诺伯种、卡图艾种、马拉戈日皮种	罗布斯塔种

问　题

009

: :

速溶咖啡与现磨咖啡有何区别呢？

速溶咖啡是指能迅速溶于水中，马上能喝的咖啡，主要呈干燥的粉末状态。目前市场上流通的速溶咖啡主要分为粉末状制品和颗粒状制品。更进一步来讲，混合咖啡指的是在速溶咖啡里加上糖或咖啡伴侣等添加物。速溶咖啡都是大批量生产的，考虑到成本，会选择低海拔地区生产的罗布斯塔种的咖啡生豆。罗布斯塔种有着浓郁的咖啡香，同时还有着强烈的苦味，如果仅制成黑咖啡的话，消费者并不喜欢。因此为降低罗布斯塔种的浓烈的苦味，会添加甜味的砂糖和留下香味余韵的植物性油脂粉末咖啡伴侣。

如果说速溶咖啡是采用经过烘焙和萃取后再干燥或迅速冷冻的加工方式的话，那么咖啡专卖店中销售的现磨咖啡就是为了将咖啡豆的香味极致地表现出来，将烘焙没几天的新鲜咖啡豆粉碎，然后用热水浸泡或萃取的加工方式。速溶咖啡为了弥补生产过程中损失的大量咖啡香味会使用人工食品添加剂，相反，咖啡专卖店的咖啡豆能够更好地将新鲜咖啡固有的香味展现出来。

速溶咖啡是1901年日裔美籍科学家佳藤悟里发明的。1938年巴西的生豆产量剧增，造成库存累积，求助于瑞士的跨国食品企业雀巢公司，雀巢公司以雀巢的名字大量生产了速溶咖啡。

速溶咖啡的干燥过程大体可以分为两种。

丨喷雾干燥法

在过去常使用这种方法，挑选的生豆烘焙后经粉碎萃取。为使萃取的咖啡液中水分降低至3%，将咖啡用210~310℃的热风进行喷雾干燥处理，在这个过程中会损失咖啡的香气。

丨冷冻干燥法

将要制成产品的生豆挑选出来进行烘焙粉碎和萃取，至此步骤与喷雾干燥法是相同的。

之后将萃取的咖啡液直接冷冻在-15℃的环境中，是利用了在真空状态下大大降低压力使冰块瞬间升华为气体的方法。咖啡的香气会得到进一步升华。

按照行业内的速溶咖啡品质标准，所产速溶咖啡要具有固有的色泽和风味，形态良好、色调均一、没有异味和臭味。水分在5%以下，灰分在11%以下，咖啡因在2%以下，溶解性要适中。此外根据最近消费者的需要，正在开发着更多种类的速溶咖啡产品。

问 题

010

: :

根据购买地和原产地的不同，咖啡豆的颜色和味道也各不相同，
这是为什么呢？

咖啡树果实成熟后就会变红，所以通常将咖啡果实叫作咖啡樱桃。果实中通常会有的两个种子叫作生豆。咖啡烘焙指的是通过加热生豆以分解生豆内的各种成分。

通过这个过程，生豆具有的各种成分化为固有的味和香。另外在生豆吸热发热的时候会引起各种视觉上、嗅觉上、听觉上的变化。很多烘焙师在烘焙前对生豆进行评价并进行选择。

根据生豆的状态烘焙方式会有所不同，因此根据使用的生豆特性控制热分解过程，按照追求的香和味来调节烘焙过程。其结果是出现不同的咖啡豆颜色和香味特点。如果从颜色程度来判断，可以区分为中等褐色的浅度烘焙到黑褐色的深度烘焙，一共可以区分为8个阶段。

烘焙阶段：颜色变化

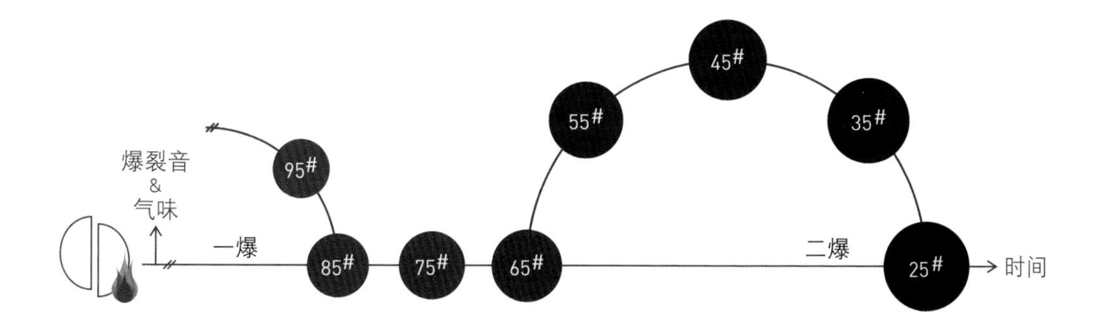

95#		浅色	Very Light	浅度烘焙阶段，发出酸味，谷物香
85#		肉桂色 （红棕色）	Light	浅度烘焙阶段发出强烈的酸味，开始呈现咖啡品种的特性
75#		中间色	Moderatery Light	有强烈的酸味，醇度逐渐加强
65#		轻中度	Light Medium	至二爆前发出清爽的酸味
55#		中间的	Medium	二爆稍过后，咖啡品种的特性非常明显
45#		暗色	Moderatery Dark	甜味加强，咖啡豆表面开始漏油
35#		法式	Dark	咖啡品种的特性减少，醇度加强。咖啡豆表面漏出很多油
25#		意式	Very Dark	醇度减少，从甜味到苦味逐渐加强

因为是印刷品，所以和实际颜色会有差异。

虽然不同烘焙师的烘焙结果会有细微的差异，但在设定烘焙阶段时烘焙师都会参考咖啡豆的香味或颜色、烘焙结束时间、烘焙结束温度等。

问 题

011

: :

怎样表现咖啡的味道?

干香(Fragrance)

粉碎咖啡豆时发出的强烈刺激鼻孔的香味。

香气(Aroma)

咖啡粉末遇到热水汽化的瞬间嗅到鼻子里的柔和的香味。

风味(Flavor)

萃取液扩散到嘴里感受到的香和味。

余味(After taste)

喝完萃取液后通过嘴和鼻子的连接通路持续感受到的余香。

酸味(Acidity)

具有甜味的酸味。

醇度(Body)

喝咖啡时口内感受到的萃取液的质感。

平衡度(Balance)

从香味到醇度，这一切的协调。

Balance
平衡度

咖啡所能表现出的香味有数百种，但是从理论上说明香味时，大体上可以分为甜香、果香、韵味、余味。人们通常在喝完咖啡后对咖啡的评价多为单纯的酸、甜、苦、咸，但是咖啡的味道用这些单纯的味道来表现多少有些不符，因为咖啡具有丰富的香味。

咖啡具有多种香味，这些香味也可以被清楚地区分开来。因为咖啡具有数百种化学成分影响其香味，所以吸引了更多的咖啡爱好者。评判咖啡的香味并没有标准答案，只要找到自己喜欢的口味来喝就足够了。

问 题

012

: :

制作咖啡时，应该用新鲜的咖啡豆，还是用熟成的咖啡豆？有人说“使用新炒的新鲜咖啡豆口感更好”，还有人说“使用熟成的咖啡豆口感更好”，哪种说法是正确的呢？咖啡豆的保质期是多久呢？

生豆经过烘焙加热之后，咖啡豆组织逐渐膨胀。咖啡豆受热后细胞组织出现无数个小孔而形成多孔状态。当然刚烘焙的咖啡豆是最新鲜的状态，但是咖啡豆内部的多孔组织里充满了包括二氧化碳在内的气体，在此状态下品评或萃取的话只会降低萃取率。一言以蔽之，构成咖啡香味的成分不能够充分分解，受二氧化碳影响咖啡口感不柔和，会给人刺激的感觉。因此咖啡豆最好在其二氧化碳减少到一定程度后使用。这在咖啡行业里称为“熟成”。

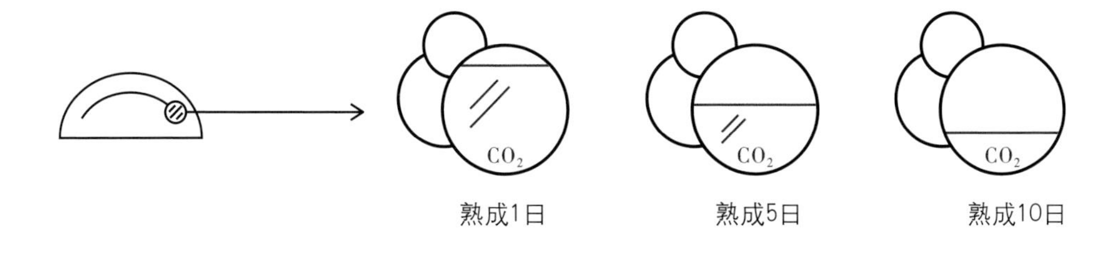

深度烘焙示例

咖啡豆的状态决定着它变得美味的熟成期。根据烘焙阶段、使用的生豆含水量，咖啡豆含水量、咖啡豆储存条件等会稍微有些区别。一般来讲，浅度烘焙的咖啡豆比深度烘焙的咖啡豆含水量更高，水分多，咖啡豆的多孔组织没有充分形成，会延长熟成期。

从经验来讲，手冲咖啡在烘焙后熟成3~4日使用，咖啡的香味才会稳定柔和。浓缩咖啡要比手冲咖啡多熟成几天。

咖啡豆的保质期一般为一年，保质期内的咖啡味道是最佳的，可以看作是咖啡美味的保持时间。

换句话说，咖啡豆也属于新鲜食品。

因此，比起直接放置在高温或湿度高的室内，放置在凉爽温度（大约18℃）的环境里并保存在封闭容器的状态对咖啡豆储存更为适合。

二氧化碳对咖啡豆的作用

经过烘焙的咖啡豆内部组织像蜂窝结构，由无数个多孔质构成，这个多孔质里充满了挥发性有机化学物质和以二氧化碳为代表的气体。含有碳元素物质的燃烧、新陈代谢、发酵、火山喷发时都会产生二氧化碳。

烘焙时，在去除羧酸过程中会产生少量的二氧化碳燃烧，而且其他热分解过程也会产生二氧化碳。

这样产生的二氧化碳虽是无色气体，但溶解于水中时一部分会变成酸性的碳酸，有一点儿酸味。

像这样在烘焙过程中水分的蒸发以及挥发性有机化合物和二氧化碳等气体的形成增加了多孔质组织的内部压力，其结果使细胞组织体积膨胀变得松弛，体积膨胀状态的多孔质组织由于压力很大而形成的大部分气体穿过半投射的细胞壁和咖啡豆的龟裂的部分喷出，直至外部环境和压力达到平衡为止。

烘焙时生成的气体的量或者体积膨胀程度，多孔质细胞组织的构造根据要烘焙的生豆的稠密度或生豆的含水量、烘焙点、烘焙时间有所不同，这影响到气体的排出。比较咖啡豆状态和粉碎状态时的气体排出可知粉碎状态时的气体排出速度要快得多。因为粉碎状态时的气体扩散路径比咖啡豆状态时短，和空气接触的表面积比起咖啡豆状态时更大。

问　题

013

: :

咖啡豆在粉碎后经常发生静电，这是为什么呢？

咖啡豆粉碎后产生静电的原因是咖啡豆的含水量降低。咖啡豆的水分越少，静电的发生概率越高。与浅度烘焙相比，深度烘焙的水分含量更低，咖啡豆的组织也会变成多孔质化，静电也更频发。

问 题

014

: :

初学咖啡时，烘焙、浓缩咖啡、手冲咖啡等有特定的学习顺序吗?

没有什么特定的顺序。一杯咖啡的完成要经过多个过程，不能说每个过程都学会了才能完成制作咖啡。只是制作咖啡的各个过程是各自独立的，也有一定的关联，所以可以首先从最关心的部分开始学习。

对生豆变成咖啡豆的过程有兴趣的话，可以学习烘焙；想和顾客近距离沟通，制作一杯美味咖啡的话，可以学习萃取；在萃取过程中，喜欢操作机器的话，可以学习浓缩咖啡；性格安静并想使用各种萃取工具的话，可以学习手冲咖啡。

问 题

015

: :

哪些咖啡没有咖啡因?

咖啡中并没有脱咖啡因的咖啡，脱咖啡因是指咖啡生豆经过了去除咖啡因成分的过程。脱咖啡因是为只想享受咖啡的香味又不想摄取咖啡因的人们而制成的。虽说是脱咖啡因，但并不是100%的咖啡因被去除。仅剩1%~2%的咖啡因也被分类为脱咖啡因的咖啡。 从包含多种化学物质的生豆中仅去除咖啡因的工作并不简单。因为化学物质的种类繁多，所以通过化学反应有选择地去除咖啡因也是件不可能的事情。

咖啡中的代表性化学物质咖啡因会刺激中枢神经。喝完咖啡后可以减少瞌睡，可以感觉到一点儿紧张感都是因为咖啡因的作用。200ml的一杯咖啡包含的咖啡因有50~150mg。但不是所有咖啡中的咖啡因含量都差不多，咖啡中的咖啡因含量根据生豆的产地或种类或状态不同而不尽相同。

例如人们都知道埃塞俄比亚生产的阿拉比卡生豆中的咖啡因比西非或巴西、越南等地生产的罗布斯塔生豆中的咖啡因的含量要低。另外，一杯咖啡里的咖啡因含量还会根据烘焙的方法、冲煮的方法而不同。

去除咖啡因的方法

具有代表性的有3种方法。

溶剂式浸除法

直接式溶剂加工法：给生豆熏上蒸汽使其透气孔打开使溶剂直接接触咖啡因，加倍熏入蒸汽将溶剂和咖啡因同时去除。

间接式溶剂浸除法：将生豆浸入热水中去除包括咖啡因在内的所有成分后将生豆从水中捞出。然后使用咖啡因提取溶剂在含有生豆成分的水中仅去除咖啡因。最后取出与溶剂结合的咖啡因，再把溶解生豆成分的液体与生豆重新合在一起，将生豆和仅存生豆成分的溶剂重新合在一起。

瑞士水洗浸除法

仅用水完成两个阶段的加工过程。首先将生豆浸泡在热水中，将形成咖啡香味的要素和咖啡因等全部分离出来，此时使用过的生豆全部扔掉。

通过活性炭过滤器消除咖啡因，形成香味的成分留在水中。在消除了咖啡因仅留有香味的水中放入新的生豆，这样形成香味的要素依然留在生豆原来的状态中，除此之外只有咖啡因被分离出来。仅留香味要素的水已含有的量并不能吸收香味要素，但还可以继续分解咖啡因。

去除咖啡因的生豆仍然保留着产生香味的成分，所以去除了咖啡因的生豆会被重新晒干销售，剩下的“承载香味的水”通过活性炭过滤器消除咖啡因后被重新使用在去除其他生豆的咖啡因的操作过程中。

二氧化碳浸除法

将生豆装在高压二氧化碳中，高压的二氧化碳一部分是气体状态，一部分是液体状态，二氧化碳会选择性地和咖啡因混合。和二氧化碳结合的咖啡因通过活性炭过滤器被去除。

问　题

016

: :

咖啡店中的混合咖啡和单品咖啡有什么不同？

单品咖啡又叫单种咖啡或纯粹咖啡，只使用一个原产地的咖啡豆。相反，咖啡店卖的大多数咖啡都是混合咖啡，将多个产地的咖啡豆混合在一起使用。

很多咖啡厅为了凸显自己的特色会选择混合咖啡做招牌咖啡。混合咖啡是将不同口味和香味的咖啡豆混合生产出新的口味和香味的过程。所有烘焙师为了生产出自己独有的口味和香味，对单品生豆进行烘焙然后再进行混合，说混合过程有趣而且艰难也不为过。

混合的理由

是为了补充单品咖啡的单调性。

是为了表现自己独有的咖啡味和香。

可以使用罗布斯塔种或等级低的生豆降低成本。

混合的基本条件

要决定自己追求的口感和香味。

选择适合的生豆是首要条件。

要决定适当的烘焙程度。

制作中性香味的咖啡时要注意混合的比例。

在平衡感和轻重上只选择一项。

混合方式

混合法(Before Blending)：按照一定的比例将各种生豆混合后再进行烘焙的方法。

单种混合法(After Blending)：将单品种生豆分别烘焙后再按照一定比例混合的方法。

问　题

017

: :

可以在家中进行烘焙吗?

手网烘焙备品

生豆、手网、出冷风的电吹风或电风扇、卡式炉、棉手套、筛盘、夹子。

“烘焙”指的是给生豆加热烤成咖啡豆的工作。

随着咖啡市场的扩大，烘焙的重要性渐渐凸显，越来越多的人开始重视咖啡的新鲜度，因此有很多人想自己炒生豆。在家中直接烘焙，不需要繁重的机器，仅用简单的工具也可以在需要的时候得到新鲜咖啡豆。以前经常利用煎锅或手网进行家庭烘焙，最近市场上出现了多种适合家庭使用的性价比高的小型烘焙工具。

手网烘焙

最好购买大号手网，烘焙时将生豆装进手网，为了均匀受热，便于搅拌，需要不时晃动。如果装入过多的生豆，会不好搅拌。

目前市场上销售的大号手网能够便于搅拌的量是100~150g，烘焙后能得到85~135g的咖啡豆。

对于一天喝1~2杯咖啡的家庭来讲烘焙一次的量能够使用一周。（萃取一杯时咖啡豆使用量为10~15g）

初学者，最好从易吸热的稠密度小的生豆开始烘焙，之后有了吸热感后可以逐渐向稠密度强的生豆挑战。

说起热源，比起家庭用煤气灶，携带用煤气炉更为适合。烘焙时随着水分减少生豆表面的银皮脱落，因为脱落的是薄膜，所以晃动网锅时这些薄膜就会粉碎落到煤气灶四周，所以最好使用便于整理的卡式炉。

最后烘焙后为了尽快冷却咖啡豆需要电风扇或筛盘之类的东西。冷却和烘焙一样重要。烘焙后不能迅速冷却的话，会损失咖啡豆的香味，感觉到微糊。

烘焙过程中我们需要关注的是生豆的物理变化，包括颜色、体积、形状、声音、重量的变化等。

| 烘焙的四大变化

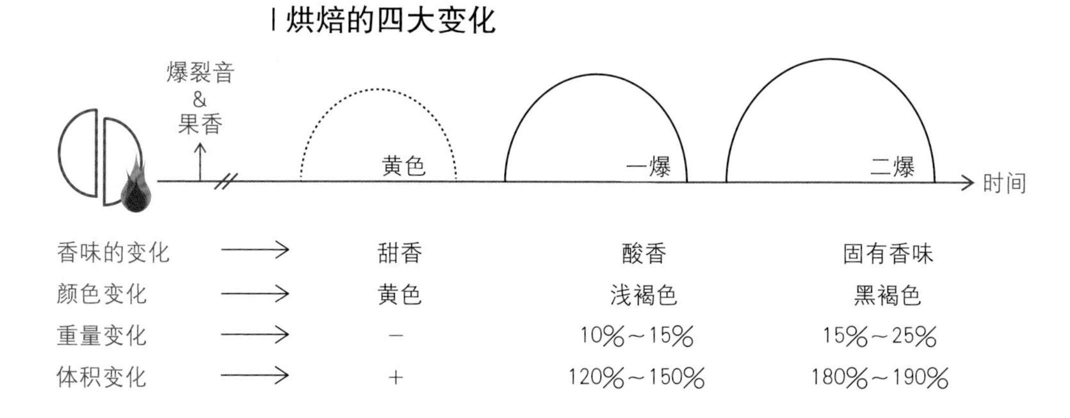

香味的变化	→	甜香	酸香	固有香味
颜色变化	→	黄色	浅褐色	黑褐色
重量变化	→	−	10%～15%	15%～25%
体积变化	→	+	120%～150%	180%～190%

颜色的变化

绿色 ▶黄色 ▶浅褐色 ▶中棕色 ▶黑褐色。

香味的变化

草香 ▶烤面包一样的甜香 ▶使心情变好的刺激的香味（花香类、果香类、香草类香）▶浓烈而辛辣的刺激香（辛辣香、烟熏味的香）。

声音的变化

生豆逐渐变大，发出嗒嗒爆裂音是最好不过的。

工具准备齐全了，那我们来进行手网烘焙好吗?

1.取生豆100~150g装进手网里，盖上盖子后侧面用夹子夹住，因为摇动手网时如果盖子打开生豆会从手网中滚落出来。

2.将生豆装进手网后将卡式炉的火力调至中火，稍微减少生豆的水分。由于每种生豆的含水量有差异，热量传递至生豆表面，生豆颜色由绿色变成黄色的时候，要调节手网的高度，继续晃动手网4~5分钟。

3.生豆呈现黄色，慢慢散发出烤面包的香味时将火力调节至强火，使生豆的颜色变成浅棕色或使刺激的香味散发7~8分钟，这段时间内仍然要调节着高度晃动手网。

4.通过吸热到开始发热，生豆颜色变成中棕色，散发刺激香味，开始发出活跃而接连不断的爆裂音。这时将卡式炉的火力由中火调至弱火。持续时间为7分30秒至8分30秒。虽然香味的散发逐渐减弱，爆裂音也变得稀少，但仍要将手网在卡式炉上继续晃动30秒至1分钟，在二爆发热前熄火，将咖啡豆从手网移至筛盘中进行冷却。

5.想要进行二爆的话，可以将卡式炉的火力重新调节至强火，持续8~9 分钟。烘焙时间为十几分钟。可以选择恰当的时间将咖啡豆从手网迅速移至筛盘中用电风扇进行充分冷却。

6.将烘焙好的咖啡豆装在封闭容器里放置阴凉处储存，3~4天后进行萃取，就会品尝到柔和的咖啡。

手网的高度变化

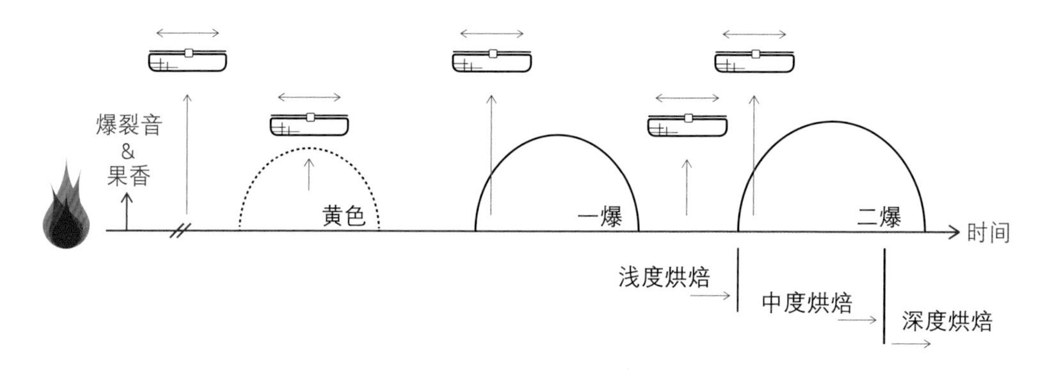

问 题

018

::

冲泡咖啡有哪些方法?

可以根据水的使用方式分为熬制法、泡制法、重力萃取法和压力萃取法。

熬制法

使用土耳其咖啡壶Ibrik或Cezve,如同我们煮方便面一样,熬制土耳其咖啡的特点,这种方式不需要将咖啡豆粉末过滤。

泡制法

是像浸泡绿茶包一样在热水中放入咖啡粉浸泡一定时间后用过滤器捞出的方式。

代表性的工具是法压壶和虹吸壶,最近流行爱乐压和意式浓缩咖啡机。

重力萃取法

将水自然流入咖啡粉中，顺着过滤纸使萃取液从工具下方流出，这是最具代表性的手冲咖啡方法。

手冲咖啡最大的优点是不仅能够充分表现芳香、果香，使味道恰当地均衡，而且可以根据本人的口味自由调节。

压力萃取法

与手冲滴漏咖啡不同，压力萃取法是利用高温高压最大限度地多多萃取咖啡豆固有的香味，萃取出的咖啡香味最强、醇度最高。具有代表性的工具是浓缩咖啡机，适合家庭用的是摩卡壶和爱乐压。爱乐压是将泡制和压力两种方式结合起来的工具。

问　题

019

: :

为什么滴滤杯的种类繁多?

是因为各种品牌所追求的香味和醇度不同。梅丽塔（Melitta）、卡利塔（Kalita）、名门（Kono）3种滴滤杯中卡利塔杯平衡度最好，能够稳定萃取咖啡。与之相比，梅丽塔杯萃取时间稍长，香味弱，韵味和醇度较好。名门在这三者中萃取时间最长，但是韵味和醇度优秀。

不同滴滤杯的香味比较

	梅丽塔	卡利塔	名门
形状			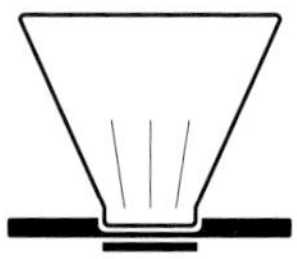
气味	低	高	低
韵味	高	中	高
余味	好	中	好
香味幅度	窄	宽	窄
特征	因为是半浸渍工具，似乎香味会强烈，但由于萃取时间偏长所以反而没有想象中的强烈	整体上口感最好，香味和醇度的搭配最和谐	受沟槽的影响萃取时间长，比起强烈的香味，韵味是其特征，而且醇度好

问 题

020

::

名门（Kono）和哈里欧（Hario）有什么不同？

名门（Kono）和哈里欧（Hario）是过滤式滴滤杯，两者最大的区别是沟槽的外形和萃取口的大小不同。

沟槽在滴滤杯内部呈凹凸形态，是水和萃取液流出的通路。

	名门（Kono）	哈里欧（Hario）
形状		
沟槽	短而粗，沟槽的数量不多	细而长，螺旋形，沟槽数多
萃取口	小	大
特征	因为沟槽短，萃取速度稳定，韵味和醇度易于表现。只是咖啡豆的量越多，沟槽空气流通越受阻，萃取时水会溢出，根据烘焙度有所不同，深度烘焙咖啡豆在萃取时水升上来，涩味和苦味、咸味会很强烈	因为沟槽是螺旋形结构，即使咖啡豆的量很多也可以诱导空气流通，水流迅速。根据萃取状态会有所不同，但表现出较低的韵味和醇度

问 题

021

: :

根据滴滤杯的材质萃取液的状态会不同吗？

问 题

022

: :

滴滤杯中沟槽的作用是什么呢？

沟槽形状像肋骨，因此叫作肋骨沟槽。沟槽是萃取液和空气通过的通路。在滴滤杯上插上过滤纸注入水后过滤纸会粘在滴滤杯壁面上，因为有肋骨沟槽形成空间，从这空间里排出萃取液和空气。如果没有沟槽，萃取液只能通过萃取口流出，萃取时间会延长，产生过度萃取。

问 题

023

: :

需要使用哪种滤纸呢?

滤纸大体上可以根据材质和颜色、厚度来区分。

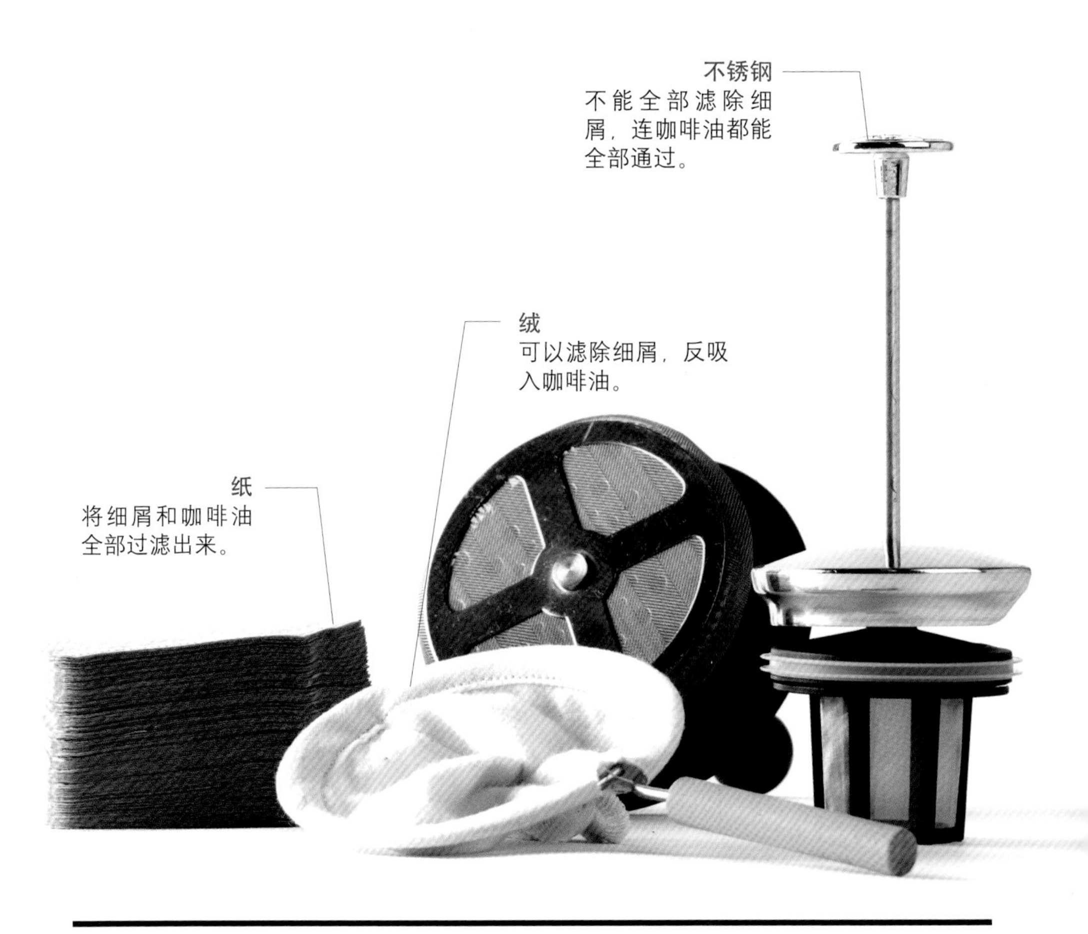

丨材质差异

一般情况下分为纸、不锈钢、绒（法兰绒或起毛绒）。

丨颜色差异

黄色

用木头制作后不使用漂白剂制成的过滤纸。因为不使用漂白剂，所以人们大多购买此种过滤纸，但是萃取时滴滤杯的水直接通过过滤纸会长时间暴露在空气中，所以会有难闻的木香。

白色

用木头制作使用漂白剂制成的过滤纸。放着天然合成纸不用却使用漂白剂制成纸的理由是：比起天然合成纸，用漂白剂制成的纸可以减少很多难闻的木香味。

丨厚度的差别

很多人会认为过滤纸越厚萃取会越慢，其实正相反。放大纸质过滤纸，可以看见纸的纹理越密越厚，越松越薄。

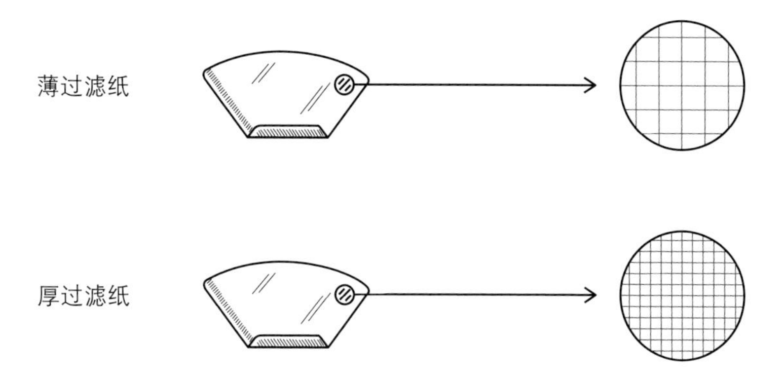

纹理越松，粉碎咖啡豆时产生的细屑夹到缝隙里就会固定下来。因为存在细屑，水不能通过萃取而变得缓慢或产生过度萃取。相反，过滤纸纹理越密，细屑反而不会夹到缝隙里，萃取变得更流畅不会产生过度萃取。但是会有萃取速度过快从而导致过小萃取情况出现。

问 题

024

: :

在家中想要轻松冲泡咖啡需要选择什么样的滴滤杯呢?

Clever

利用聪明杯采用浸泡方式萃取，用纸过滤后可以享受更加纯净柔和的香味。

聪明杯是在滴滤杯内放入滤纸，装上咖啡豆注水浸泡2~4分钟后进行萃取的比较简单的萃取工具。到指定的时间后，将聪明杯放置在咖啡杯或器皿上，堵在底部的硅胶垫上升，咖啡就会被萃取出来。

除聪明杯外，最近萃取咖啡会使用很多工具，也就是说能够表现更丰富的香味。想在家里轻松地烹煮咖啡，最好先决定想喝哪种香味的咖啡。如果想要感受更为多样的香味，可以利用卡利塔杯。

问　题

025

::

研磨咖啡豆的磨豆机哪一种好呢？

选择咖啡磨豆机时需要重点考虑的是咖啡豆粉碎粒子的均一性。虽然即使不均一也可以通过萃取进行调节，但是很难表现相同品质的咖啡，所以最好将粉碎粒子粉碎均一。磨豆机种类大体上可分为3种。

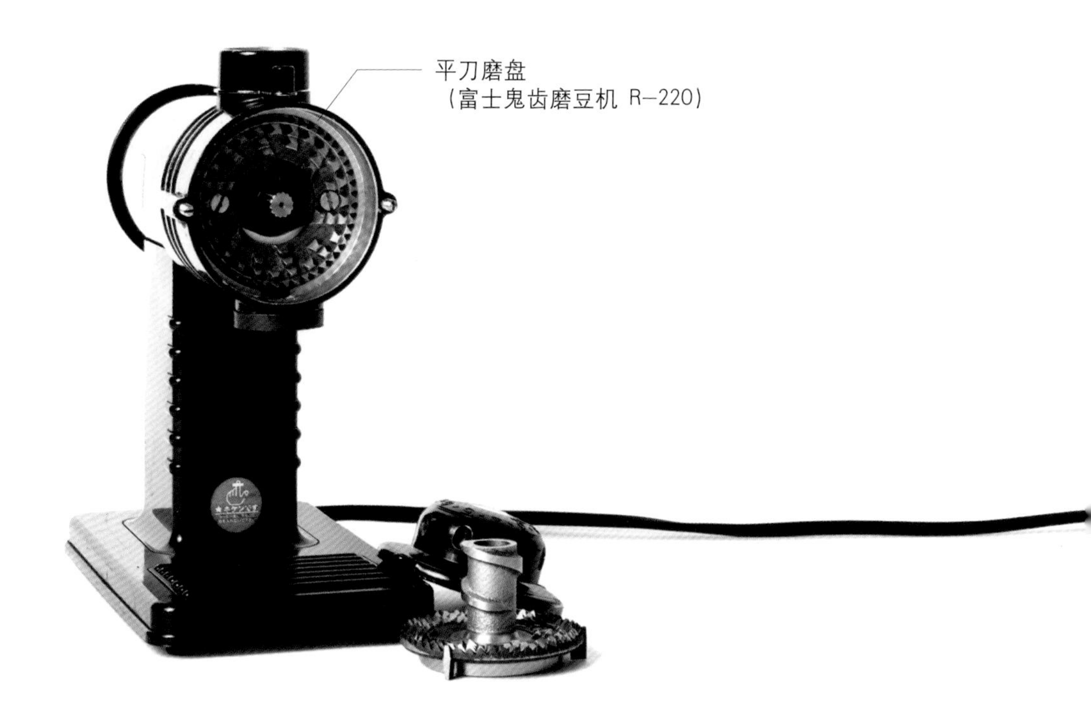

咖啡磨豆机种类

	平刀磨盘	桨叶	科尼旋度毛刺
粉碎形态	切削式	破碎式	破碎式
粒子均匀度	80%	50%	50%~70%
热力产生	高	稍高	低
特征	多用于大部分的企业或高价的家庭用磨豆机中	因为粉碎粒子不均匀，多用于价格低廉的家庭用磨豆机中	主要用于家庭用手动磨豆机、小型电动磨豆机中，调整刀片的材质或形状也可用于浓缩咖啡磨豆机或高价的手动磨豆机中

热力产生由电动机决定，目前市面上的高价粉碎机使用共冷式冷却方式，因此热力产生反而低。

问　题

026

: :

适用于咖啡机的豆子应如何研磨?

利用咖啡机萃取时的咖啡粉末要比手冲咖啡时稍微粗点。因为萃取时需要大量的咖啡豆，如果粉碎过细，萃取时间就会变长，出现刺激的味道。咖啡机萃取与手冲咖啡不同，不需要旋转水流来萃取，因此咖啡粉有可能会偏重于某一方。

问 题

027

::

根据水质的不同，咖啡的香味有差异吗?

讲授萃取课时，被问到最多的问题之一就是回家后用与课堂上同样的方式萃取,但是为什么味道不一样？其原因之一就是水的差异。根据各地区或净水器状态的不同，咖啡的味道自然也会受到影响。

水大体上可以分为两种。天然的矿物水叫作“软水”；这种软水从各地区的水源地中流出，通过水管送到普通家庭，其过程中人为地加入了铁粉或镁等成分，此水叫作“硬水”。通常感觉“硬水”水质稍微发硬，尤其是刚刚进行过消毒的水味道刺鼻。与之相反，软水没有混入别的成分，所以很柔和，而且每个地区的软水都有差异，这是与硬水的区别。烘焙度相同的咖啡豆，用净水器和自来水以及商场内销售的矿泉水进行实验，感觉销售用的矿泉水和净水器水泡出的咖啡香味最好，用自来水萃取的咖啡稍稍有些苦涩。

问　题

028

∷

手冲壶哪一种更好呢？

推荐使用手冲壶的出水口为S形弯曲的专用水壶。

首先我们来了解一下为什么要使用专用手冲壶。

普通水壶的出水管不管在上或在下，都是一字挺立着的，这是其特征。

出水口在上的手冲壶，注水（将水在咖啡豆粉内画圈旋转）时由于水的晃动强烈，很难让水均匀地流出；出水口在下的手冲壶，注水时水的晃动减少了，但是由于水的重量，水流太强，会冲进咖啡粉中。因此为了减小水力，稳定地提供均匀的水流，最好选择手冲壶输出口呈S形弯曲的专用壶。

丨手冲壶比较

	不锈钢细嘴壶	铜壶	阿拉丁壶
价格	低价（3万~8万韩元）	高价（15万~25万韩元）	铜，高价；不锈钢，低价（4万~30万韩元）
材质	不锈钢	铜	铜或不锈钢
萃取口粗细	细（固定粗细）	粗（不固定）	细（固定粗细）
萃取口长短	短，S形弯曲大	短，S形弯曲小	长，S形弯曲小
萃取口尾部	细	缓慢	非常细
长处	初学者可轻松掌控水流	自由水流	非常细的水流
短处	注入粗水流时水力大	调节细水流时间长	注入粗水流时水力大

注：表内币值单位为韩元（1韩元=0.005940元人民币）。

问 题

029

: :

不同的手冲方法有何区别?

正如人们喜欢的食物各自不同，烹调的方法也不同，喜欢的香味和萃取方式也只能是不同的。如果人们都用相同的方法来萃取的话，咖啡文化是不会如此发展的。

滴漏方式根据水注入方法的不同可分为两种：利用精细水流的手冲滴漏和一下注入很多水的浇灌式手冲(Pour over pour)。

手冲滴漏法是将精细的水流分多次来萃取，所以可将咖啡的多种香味均衡地表现出来。浇灌式手冲咖啡和定量的水注入无关，可以注入很多水一直等到萃取成功，然后再注入水，萃取和焖蒸法类似，这是其特征，比较柔和且香味偏差少。

咖啡是嗜好品，因此可根据萃取方法表现出的不同香味按照个人的喜好来享受。

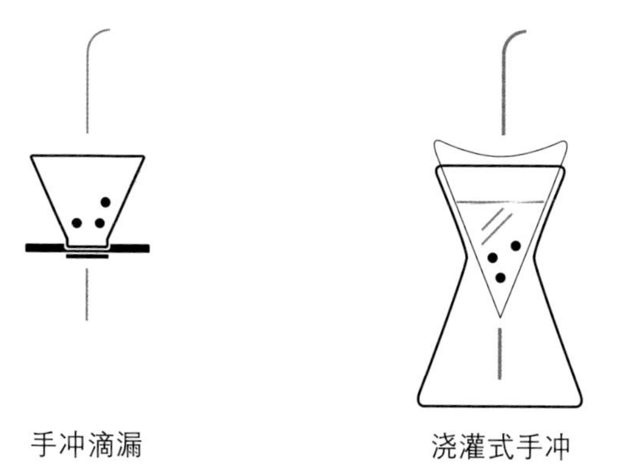

问　题

030

: :

制作手冲滴漏咖啡，需要如何注水呢?

萃取时水注入方式有很多种，但是其中常用的有3种。

| 萃取方式

	螺旋形萃取	铜钱形萃取	点滴式萃取
形状	蜗牛形	铜钱形（圆形）	水滴形
使用面积（对比粉量面积）	70%~80%	40%~50%	10%
一回注水量	多量	小量	极小量
常用品	梅丽塔，卡利塔，Kono	Kono，绒	Kono，绒

问 题

031

∷

注入水时需要同一方向吗?

是的。自始至终都需要同一方向。

根据个人的习惯，可按照顺时针方向或逆时针方向注入水，只要保持同一方向即可。随着水的注入，咖啡豆组织内的各种香味的溶解体被溶解萃取出来，萃取液的流向由水注入方向决定。因此，同一方向注水可以萃取出均衡的味道。

如果变更注水方向，则很难达到均匀的萃取，随之带来萃取时间的延长会导致出现杂味。

问 题

032

: :

手冲时，哪种水流更适合呢?

滴漏时维持稳定适中的水流很重要。

螺旋形注水时，最好不要因旋转速度或方向的改变而改变水流的粗细，练习保持水流稳定。

注入用于焖蒸的水时，要用细水流轻盈地注入，萃取时注入稍粗的水流，检查萃取口流出萃取液的速度、萃取咖啡的香味，调节萃取时间和注水量。

问　题

033

: :

萃取时咖啡表面产生白色泡沫是因为什么呢？

萃取时咖啡表面的泡沫颜色变浅的原因是反复地注水导致香味成分逐渐减少。与第一次注入水后的泡沫颜色相比，第二次、第三次注入水后泡沫变得更浅就是这个原因。这种泡沫的颜色根据咖啡豆的烘焙度也会表现出不同。咖啡豆组织是坚硬的，浅度烘焙时泡沫要比深度烘焙时更浅。

泡沫颜色的变化

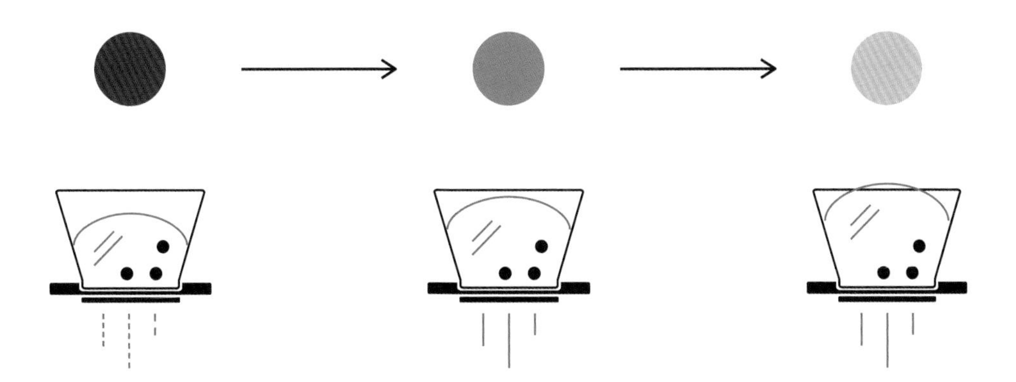

问　题

034

: :

冲煮咖啡时，水温应该为多少度呢？

通常冲煮咖啡所用水温为80~95℃，不用80℃以下的水冲煮咖啡是因为咖啡豆具有的多量的香味成分不能充分溶化，从而导致过小萃取的可能性变大。与之相反，95℃以上的水溶解能力显著提高，容易导致过度萃取。另外水温和萃取时间有着密切的连贯性，所以首先判断咖啡豆的烘焙度再来设定水温才是正确的。

	浅度烘焙	中度烘焙	深度烘焙
照片			
水温	90~95℃	86~88℃	82~84℃
焖蒸时间	10~20秒	20~30秒	35~45秒
萃取时间	50秒至1分	1分至1分10秒	1分10秒至1分20秒

问　题

035

: :

根据咖啡豆状态调节焖蒸时间的理由是什么？
由什么状态决定呢？

焖蒸是指在萃取过程中咖啡豆组织的多孔空间内吸收水分后二氧化碳的膨胀和水溶性成分溶解的过程。

根据咖啡豆的烘焙度和熟成程度，咖啡豆组织内起反应的二氧化碳或水溶性成分也有所不同，所以要调节焖蒸时间，主要是看咖啡表面的膨胀度来判断。例如，浅度烘焙咖啡豆的二氧化碳的量少，水溶性成分比深度烘焙少，因此要缩短焖蒸时间；相反，深度烘焙咖啡豆时延长焖蒸时间就可以了。

问　题

036

::

焖蒸时，为什么膨胀度不同？

咖啡焖蒸时的状态，根据二氧化碳的膨胀度和水溶性成分的溶解度有所不同。注入水时膨胀度不同，是因为烘焙度或二氧化碳的膨胀度有差异，同样的咖啡豆根据点滴焖蒸和螺旋形焖蒸的注水方式，膨胀度会有所不同。而且根据滤杯中的咖啡粉密度不同，其膨胀程度也不同。

不同烘焙度带来不同多孔质状态

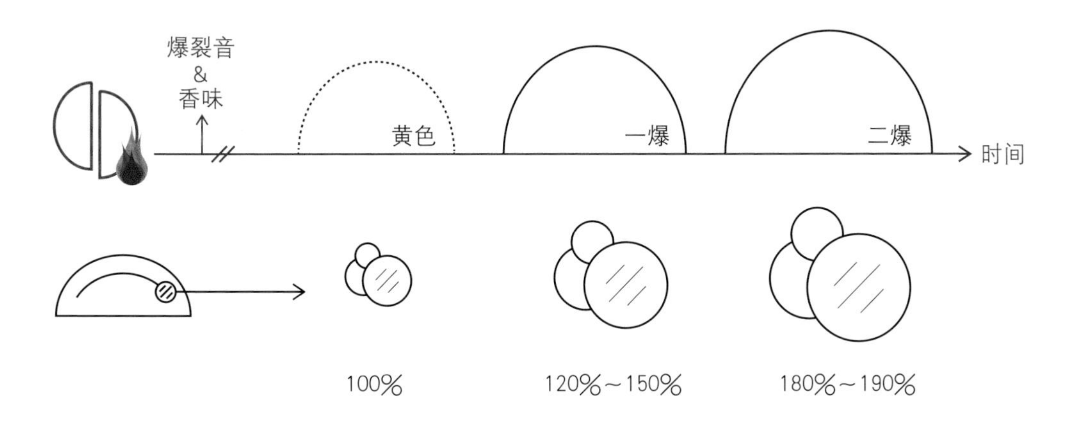

问 题

037

: :

萃取咖啡时，可以用细水流多次旋转，也可以用粗水流少量旋转，哪一种方法香味会更好呢?

“焖蒸”是指将咖啡豆的很多要素中可溶于水的成分溶解的过程。用细水流注入焖蒸时，多孔质空间内易吸水，溶解率提升，可以表现为多种香味；与之相反，水流过粗，不被多孔质空间所吸收的水就会通过萃取口滑落，这样萃取的咖啡由于溶解率低，香味淡而无味。这种差异说的是水量相同时水流的粗细不同带来的香味的变化。因此，与水流的粗细或旋转数相比，使咖啡豆更易吸水是最为重要的。

问　题

038

: :

如何将浅度烘焙的咖啡豆萃取得更为浓郁呢?

想将浅度烘焙的咖啡豆萃取得更为浓郁，需要改变萃取时咖啡豆的量和注入的水量等要素。

但是想用浅度烘焙的咖啡豆萃取出高浓度的咖啡液，其柔和的酸味会变得很刺激。因此，有些咖啡师会用深度烘焙的咖啡豆进行高浓度萃取后加水来稀释。

	咖啡豆量	注水量	萃取量	水温	焖蒸时间	萃取时间
浅度烘焙浓萃取	增加	减少	减少	低	加长	加长
深度烘焙淡萃取	减少	增加	增加	高	减少	减少

恰当的萃取标准

问 题

039

: :

为什么用名门（Kono）萃取时水总是溢出来呢?

萃取工具比较

	梅丽塔	卡利塔	名门（Kono）
形状			
萃取方式	半浸渍	半浸渍	半浸渍
沟槽	细而长，沟槽数多而密	正常粗细而且长，沟槽数多而密	粗且短，沟槽数少
萃取口	1个（窄）	3个	1个（宽）
特征	由于萃取口只有1个，萃取速度相对迟缓，由沟槽来消除	最普遍的萃取工具	虽然萃取口宽，但沟槽较短，所以萃取速度显得缓慢

纸一旦沾水就易附着在某种物体上，这时沟槽有助于萃取后轻松取出过滤纸，同时也益于空气和水的流通。

如果没有沟槽，过滤纸会在浸湿后黏附在滤杯壁面上，水只流向萃取口所在底部，萃取速度明显降低，水会继续溢上来。

名门（Kono）的特点就是水容易溢上来。一旦水开始溢上来，咖啡所具有的杂味和苦味等就会强烈表现出来，所以用名门（Kono）萃取时，要保证咖啡豆在研磨时不要磨得过细。粉碎颗粒过细，水流就会不畅，比起萃取量积聚的量反而会更多。而且比起用粗水流连续旋转来萃取，用细水流以1元硬币大小一圈圈分着萃取更加合适。

问　题

040

::

用浅度烘焙的咖啡豆来萃取时为什么水会溢上来呢?

| 搅拌状态

| 正常萃取

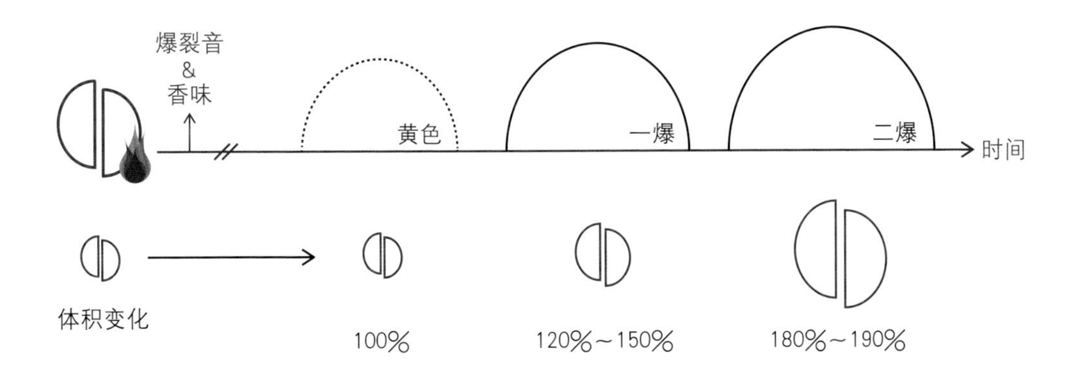

每个烘焙阶段的咖啡豆膨胀力度都有所不同，越是浅度烘焙的咖啡豆膨胀力度越弱，越是深度烘焙的咖啡豆膨胀力度越强。

浅度烘焙的咖啡豆膨胀力度弱说明了咖啡豆具有的多孔质小，二氧化碳的形成明显少，多孔质组织本身是坚硬的。因此滴滤式冲泡中重要的二氧化碳的反应弱，组织坚硬，吸收水也变得缓慢，经常会发生水溢上来的情形。

对于这类情形，在焖蒸后第一次注水时多加些力度引导萃取口尽快开启的话，会品尝到更为美味的咖啡。

问　题

041

: :

冲煮咖啡时，为什么使用绒布呢？

绒布，这一名字多少有些生疏，但是可以将它理解为我们大家熟悉的起毛绒（或叫法兰绒），通常在棉上有着细细的线段，分为单面起毛和双面起毛。

现在在原材料市场只有做工稍显不足的原材料，因此主要购买成品使用，多和透过式名门（Kono）相比较。

和名门（Kono）最大的区别正是膨胀力。

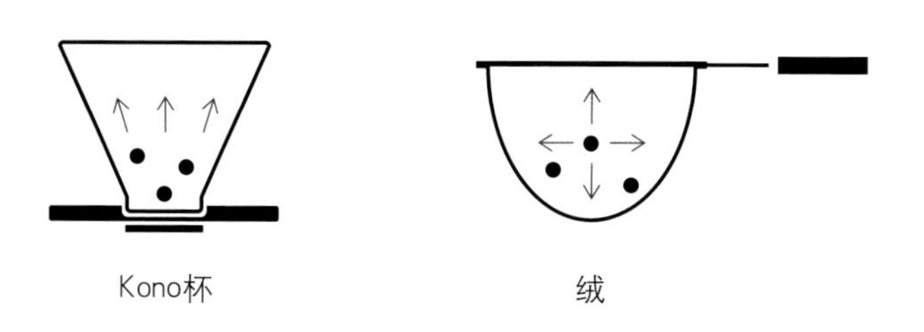

名门（Kono）与其他滤杯的材质都是由塑胶或陶瓷或铜制作的，所以膨胀不是上下左右而是只向着上部，因此咖啡豆粉内部的上下密度不同。与之相反，绒布自身具有一定程度的膨胀力，因此比起名门（Kono），相对来讲咖啡豆内部的密度整体上会相差无几。因此，香味整体均衡是其特征。另外，比起纸质过滤纸，绒布这类原材料自身能够排出更多的咖啡油，口感只能更加柔和。

问 题

042

::

冰滴咖啡时不可以使用冰水吗?

使用冰水（约0℃），溶解能力也就是能够溶化咖啡豆具有的香味的能力显著降低，因此比起冰水应尽量使用常温的水。

这和去浴池搓澡相同，比起凉水在热水中浸泡更便于搓洗。当然，在凉水（约20℃）也可以浸泡，但是需要更长的时间。

像这样，用热水是我们通常使用的萃取方式，与之相反，使用凉水的就是冰滴咖啡。不断补充冰块进行萃取的话，比起咖啡的甜味或固有的香味，酸味会稍显强烈，萃取出较单纯的冰滴咖啡，根据不同的萃取时间，咖啡的香味会有所不同。

问 题

043

: :

不使用浓缩咖啡机也能制作出拿铁咖啡、卡布奇诺、焦糖玛奇雅朵和摩卡咖啡吗?

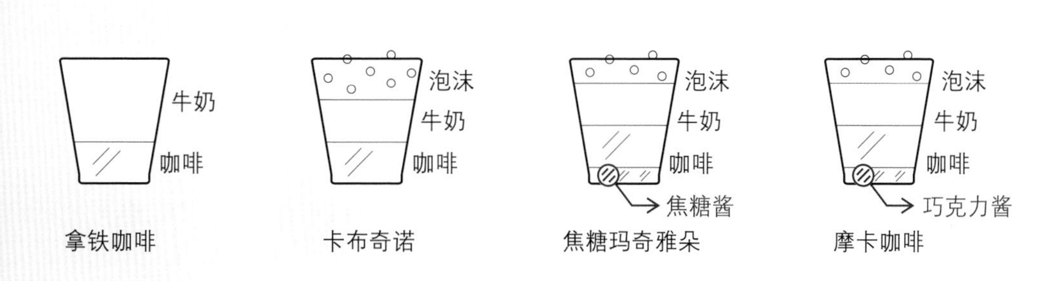

Variation coffee

像拿铁咖啡或卡布奇诺一样，在咖啡里加上牛奶等附加饮料叫作混合咖啡。

我们喝的普通牛奶含有很多脂肪成分，因此根据与之相配的咖啡中含有的脂肪（油）含量，口感也大有不同。

比如，在牛奶中稀释添加香蕉香精的水和稀释香蕉果汁的区别，和这有着相同的道理。因此要提取咖啡中的油脂成分，最适合的工具是混合咖啡机，和它类似的萃取工具，有摩卡壶、爱乐压和绒布。

当然像名门（Kono）或卡利塔这种工具也是可以的，但是，很难做到整体的香味和醇度的均衡。

问　题

044

::

如何在家中制作奶泡?

向牛奶中注入空气就会产生奶泡，根据这时注入的空气气泡制作程度，牛奶泡沫的质量会有所不同。

通常使用家中常用的浸泡茶或咖啡的法压壶就可以打出泡沫。将适量的牛奶放到法压壶中，将弹簧部位放到牛奶表面，上下抽动打压，制作泡沫，形成泡沫后体积膨胀，与之配合，弹簧的位置也要移动。制成需要的泡沫后为了和底部的牛奶混合，也要打压底部。

另外一种方法是使用电动打泡机。将电动打泡机放到装有适量牛奶的杯中，打开电源，就会渐渐形成泡沫。

用法压壶制作泡沫

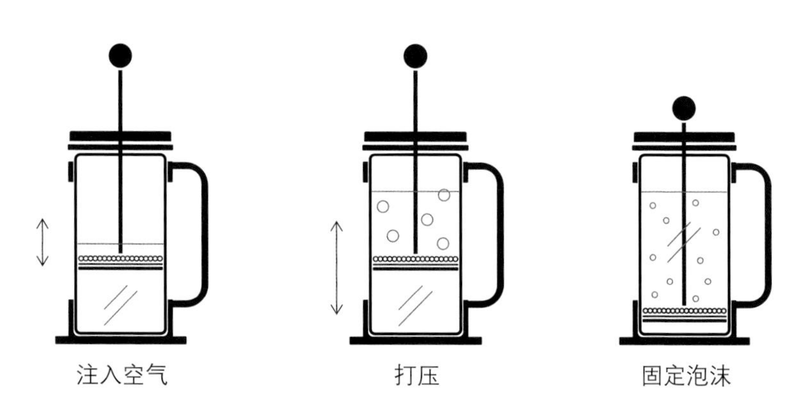

问题
045

::

滴滤式萃取的咖啡可以制作成冰咖啡吗?

可以的。制作冰咖啡时使用冰块，比起萃取热咖啡，要使用更多的咖啡豆来萃取出少量的咖啡就可以了。

制作手冲冰咖啡时利用咖啡豆25g，在装有5~6块冰块的容器中萃取包括冰块在内的200ml即可。这时冰块的量是100ml, 萃取量也是100 ml。将萃取的咖啡倒入装满冰块的冰杯中就可以了。

冰拿铁咖啡使用咖啡豆25g萃取大约60ml咖啡精华，倒入冰杯后加入牛奶即可。牛奶的量可根据自己的喜好进行调整。

冰卡布奇诺使用咖啡豆25g，萃取60ml咖啡精华，倒入装有冰块的冰杯中，用法压壶或电动打泡机打出奶泡后倒入杯中即可。

问　题

046

: :

浓缩咖啡指的是什么呢?

在英语里是迅速的意思，浓缩咖啡是将磨成细粉的咖啡豆利用高压和95℃左右的热水短时间内萃取的咖啡。在这个过程中，咖啡豆内的脂肪和蛋白质也同时被萃取出来，和水混合形成乳化状态，因此浓缩咖啡看起来是略稠的非常深的褐色液体，从近处看这个液体会看到很多小油滴浮在上面。

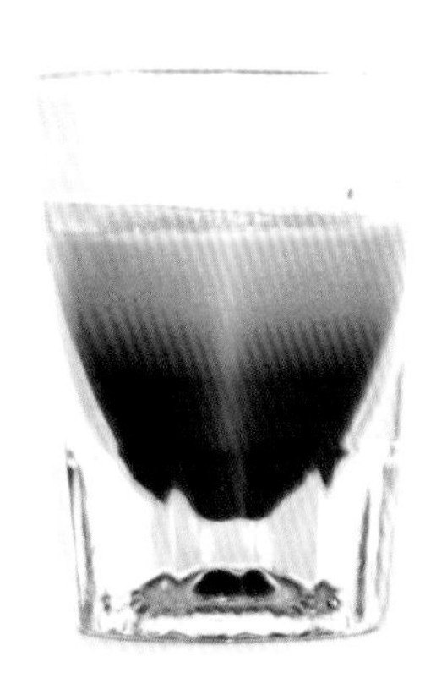

问 题

047

: :

能将浓缩咖啡的萃取过程详细说明一下吗？

| 浓缩咖啡萃取过程

	去除水分 用干抹布或亚麻布擦拭过滤器，去除残余水分
	粉碎 萃取之前按照所需的粗细度磨成粉 投装 手柄内装入所需的咖啡量
	布粉 调整手柄内咖啡豆的密度 填压 将咖啡豆按一定压力填压 抛光 填压后将咖啡豆表面整平
	掸粉尘 将未充分填压的咖啡豆粉掸掉 装置 将咖啡手柄装置在咖啡机上 萃取 按动萃取开关取自己需要的量

浓缩咖啡制作方法

压力：9atm（标准大气压）（±1atm）

咖啡使用量：15.5g（±5g）

萃取量：60ml（2勺标准）

萃取时间：25秒（±3秒）

机器：DALLA CORTE

粉碎机：康帕克

问　题
048

::

浓缩咖啡为什么浓呢？

浓缩咖啡是采用加压萃取法在20~30秒的短时间内萃取出来的，因此瞬间可溶解于水的成分和不溶解于水的成分（如油脂等），同时被萃取出来。因此比不使用浓缩咖啡机萃取的咖啡更具浓郁的咖啡味道。

问 题

049

::

为什么将浓缩咖啡叫作“一份”？

一杯浓缩咖啡又叫作“一份（Shot）”。相传这源自很久前用手动咖啡机萃取时要拉拽与附着弹簧的活塞相连接的手柄，因此从“拉拽、发射、射”等意思中得来。

包括奶泡后的总量在大约30 ml(1oz)时，叫作“一份”。

问 题

050

: :

浓缩咖啡必须在20~30秒内快速萃取吗?

对咖啡而言其实是没有正确答案的，浓缩咖啡的历史悠久,从长期萃取的经验来看，在20~30秒内萃取的咖啡香味最好,因此可以将其作为参考而并没有完全按照这个操作的必要。至关重要的是与其重视萃取的时间还不如喝过咖啡后再做评价，这才是最理想的方法。

问 题

051

: :

浓缩咖啡杯小的原因是什么?

浓缩咖啡杯的名称是小型咖啡杯(Demitasse)，在法语中是Demi(一半)和 Tasse(杯子)的合成词。因为它是平常使用的咖啡杯的一半大小，所以而得名。一杯浓缩咖啡只有30ml的量装在小型咖啡杯里，这种杯子的手柄小而厚是其特征。杯子厚的原因是为了防止饮品量少易凉，手柄小的原因是举杯时能够减少晃动防止奶泡破碎。

问　题

052

::

浓缩咖啡为什么会产生泡沫呢？

利用咖啡机高压萃取的瞬间，咖啡豆含有的脂肪成分和二氧化碳相结合，在浓缩咖啡上呈现出泡沫形状。这种泡沫就叫作“咖啡油脂”。油脂阻止咖啡迅速变凉，因其脂肪成分，口感更加柔和具有甜味。咖啡含有大量的油脂成分可挥发香味，因此可以维持更为丰富和强烈的香味。

问　题

053

: :

浓缩咖啡为什么会分成两股出来，
没有一股的吗？

也有分成一股萃取的时候。萃取浓缩咖啡出来的部位叫作喷口(Spout)，最基本的有单口和双口。根据单口和双口粉碗内的咖啡豆的量不同，咖啡的香味会有差异，从双口中萃取的浓缩咖啡的香味要比单口萃取的更为丰富和浓郁。因此很多商场广为宣传使用双口喷口来萃取咖啡。

另外还会使用没有出水口的手柄。因为可以看到萃取过程，所以咖啡师在练习的时候经常使用，实际上咖啡店在萃取时也会使用。

喷口比较

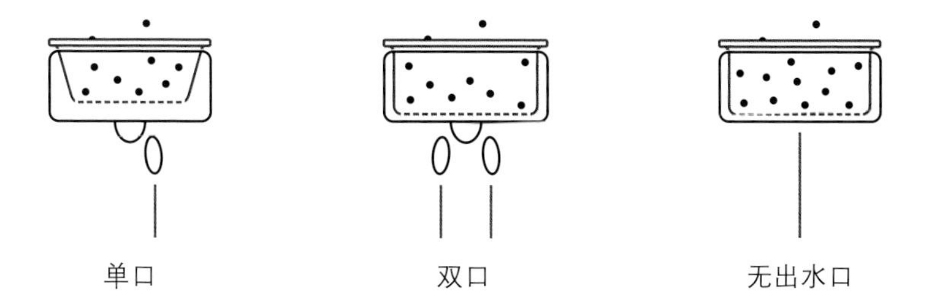

问　题

054

: :

为什么要进行压粉呢?

| 压粉比较

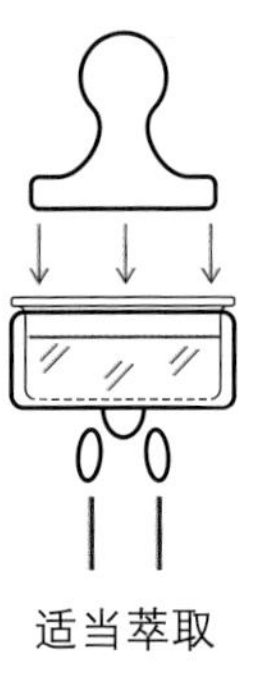

适当萃取

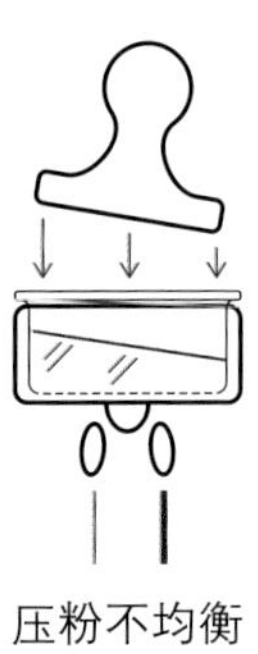

压粉不均衡

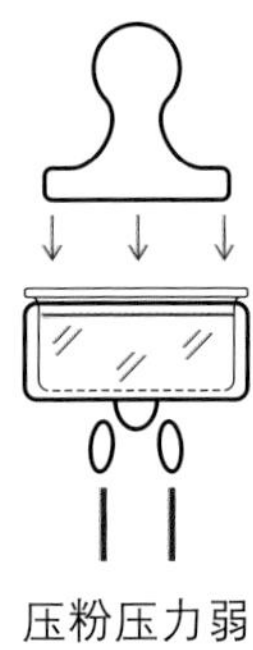

压粉压力弱

Tamping

压粉指的是将装在手柄内粉碎的咖啡粉用特定压力压住的过程。

咖啡粉粒子的大小和装入咖啡粉量的多少影响到萃取结果。不仅如此，对手柄中的咖啡粉使用怎样的均衡而恰当的压力进行压粉也是重要的。如果压粉压力或粉粒之间的密度不均衡，则会产生不可预测的水路，水从那里流出导致那部分过度萃取，相反会引起另一侧过少萃取，因此压粉时要慎重操作。

问　题

055

: :

使用不同的压粉器，咖啡的味道会有很大区别吗?

不同底座的压粉器会呈现出不同的咖啡香味。以比较典型的平形底座和弧形底座为例，比起平形底座，使用弧形底座萃取可以使萃取更为浓郁。因此在推荐装入少量咖啡豆进行萃取的咖啡机时会推荐弧形底座的压粉器。

但是，比起压粉器底座的形状，压粉瞬间的压力大小，是否水平以及是否装入定量的咖啡粉进行萃取，咖啡的味道差别更大。因此需要很多努力和练习。

| 压粉器底座比较

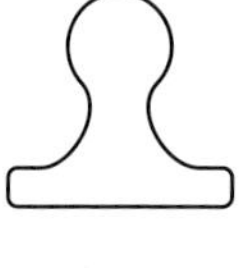
平形

弧形

C平形

问 题

056

∷

可以将浓缩咖啡一下萃取出来慢慢喝吗?

不仅是浓缩咖啡，萃取后的咖啡都存在香气会急速挥发的情况，因此长时间放置就不能品出最佳咖啡香味，随着时间延长，咖啡会变质，因此应尽量在冲煮后马上饮用。

问 题

057

∷

萃取时为什么咖啡表面会涌动呢?

这是萃取过浓缩咖啡的人都会想知道的内容。咖啡豆中有着一定量的二氧化碳，会留在萃取的咖啡中一起排出，二氧化碳排到外部的瞬间吸收周边的空气就会被涌动萃取。这是正常的萃取，可以理解为是新鲜的咖啡。

即使涌动着萃取出来，也要牢记根据熟成日期、使用量、粉碎粒子的不同，烘焙阶段咖啡的味道和香味会有差别，因此一定要在饮用后再进行评价。

问　题

058

: :

影响浓缩咖啡口味的因素都有哪些?

咖啡豆的新鲜度

电视广告中常常夸赞使用刚炒过的新鲜咖啡豆萃取的咖啡的美味，但实际上从浓缩咖啡中期待品出好味道是很难的。进行烘焙时会释放二氧化碳，这种气体量增多会阻碍萃取流动，且会溶入萃取的浓缩咖啡中，会有着喝碳酸水时的触感和刺激感。因此对经过熟成期的咖啡豆进行萃取会得到更好的浓缩咖啡及其香味。

根据烘焙阶段的不同，我们使用浓缩咖啡专用咖啡豆进行深度烘焙，经过4~6天的熟成期后进行萃取，在1周内使用完毕。

粉碎粒子

能够根据咖啡豆的状态找出合适的粒子才能在萃取时得到美味的浓缩咖啡。通常粉碎过细，萃取时间会缓慢，味道刺激；粉碎过粗，萃取时间会变快，味道多少有点儿淡。因此要牢记根据粉碎粒子粉碎程度不同，味道会大有不同。

使用量

在粉碗装入最小量以上的咖啡豆进行萃取才能得到正常的萃取量和味道。咖啡机粉碗的容量都有所不同，因此建议利用秤来确认。要牢记根据使用量的偏差，萃取时间会频繁变化。

咖啡师

咖啡师要通晓浓缩咖啡的萃取方法并能够灵活使用。而且，对于咖啡师来说，偶尔的一次成功萃取并不困难，困难的是可以保证每次萃取都能够保持均衡的味道。想要做到这样，就必须熟知咖啡是如何生产的，有什么味道，具有什么特征等关于咖啡的多种知识。

问 题

059

: :

美式咖啡会有浮油出现，原因是什么?

浓缩咖啡中共存着水溶性物质和脂溶性物质。其中脂溶性物质油脂成分不溶于水，因此在浓缩咖啡中由稀释水而制成的美式咖啡饮料上会看到油。

问 题

060

: :

可以将浓缩咖啡冰冻后长期保存吗?

浓缩咖啡原液中混有水和溶解出来的咖啡成分的固体物质。但是萃取后经过一段时间，沉重的固体物质会聚集在底部，将它冷冻时浓度低的水会首先结冰，开始和固体物质分离。这种物质即使冷冻后再解冻，若不使用物理力量（晃动）就不会轻易融合，因此就会从浓度低的水开始喝，从而很难品尝到咖啡的味道。而且即使晃动后再喝，也已经丧失了浓缩咖啡原有的香味，很难品尝到期待的好味道。

问　题
061

：：

商场中包装销售的进口咖啡保质期相对比较长，对味道有没有影响呢?

咖啡包装大体上可以分为单阀铝箔包装、真空包装、充氮包装3类。

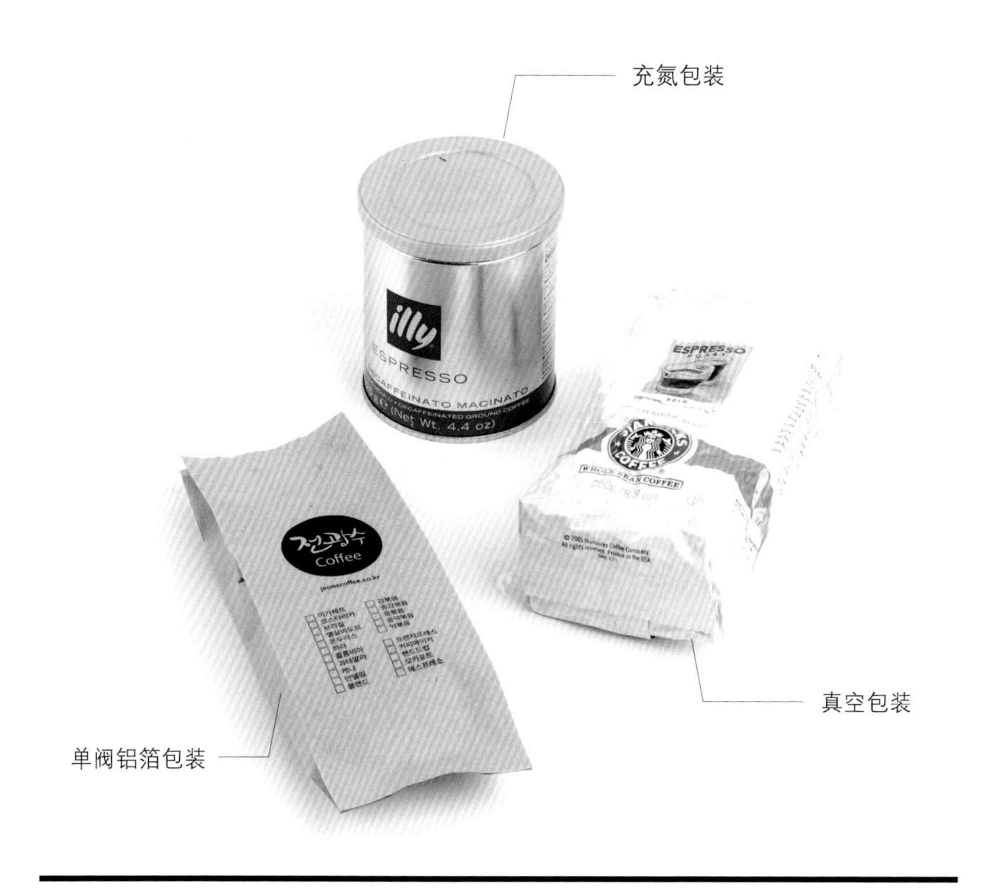

单阀铝箔包装

这是使用最为广泛的包装方法，在容器前方附着单向气阀箔，可以使内部气体流出且阻碍外部气体流入。单阀箔内部氧气不足1%，可以保持咖啡3个月不变质，通常保质期标注为12个月，但实际上保存时间很短。

真空包装

这是将粉碎的咖啡放在金属制容器内真空包装的方法，是包装方法中为保存新鲜度使用最为久远的方式。包装后氧气含量适合（不足1%）。

充氮包装

这是将包装容器内的氧气换成氮气，可以长时间保存咖啡的方法。众所周知这种方法能最大限度控制咖啡豆的氧化，但也有着因主要使用铝制罐子而成本较高的缺点。需要注意的是，不论多好的咖啡豆在经过烘焙的瞬间就已经开始氧化了。因此并不是保质期长就能持续维持好味道。即使再注意保存以最大限度减少和空气的接触，也建议从烘焙日期开始后的10日内使用完毕。

问　题

062

::

萃取浓缩咖啡时为什么不提前粉碎咖啡豆呢？

不仅是浓缩咖啡，使用任何工具萃取咖啡时如果在萃取前提前粉碎的话，咖啡香味会挥发掉很多。而且在装粉器内装有咖啡豆的状态下装粉，会使咖啡豆一下子倾出导致过量装入，因此建议最好在萃取前粉碎咖啡豆。

问 题

063

: :

湿卡布奇诺和干卡布奇诺的区别是什么?

可以将卡布奇诺根据泡沫的品质，分为湿卡布奇诺(Wet)和干卡布奇诺两种。

湿卡布奇诺冲的泡沫和牛奶没有完全分离，在泡沫中有很多牛奶；干卡布奇诺泡沫和牛奶完全分离，泡沫多。

因此喜欢喝湿润的奶泡就可以选择湿卡布奇诺，喜欢丰富的泡沫可以选择干卡布奇诺。

问　题

064

::

拿铁咖啡和卡布奇诺的区别在哪里?

| 拿铁咖啡

拿铁咖啡是在浓缩咖啡里加入牛奶制成的。这时放上少量的牛奶泡沫，就能够从咖啡中感受到柔和的牛奶味和湿润的泡沫。(建议1~2mm 厚的泡沫)

| 卡布奇诺

卡布奇诺是在浓缩咖啡上加上牛奶和奶泡，通常牛奶量比拿铁少，泡沫量比拿铁多，因此想要更多感受浓浓的咖啡味和柔和的泡沫，比起拿铁我们推荐卡布奇诺。(建议 1mm 厚的泡沫)

另外咖啡师向往的泡沫量不尽相同，所以拿铁咖啡和卡布奇诺的泡沫量多少会有差异。

问　题

065

::

欧蕾咖啡和拿铁咖啡有何不同？

在法国出现浓缩咖啡机之前就有欧蕾咖啡，它是利用法压壶或滴滤壶萃取咖啡后添加牛奶，通常在早晨时饮用。因此比起利用由浓缩咖啡机制成的拿铁咖啡更加柔和。拿铁咖啡是在意大利利用浓缩咖啡机萃取的浓缩咖啡中添加牛奶的一种饮料。

问　题

066

::

普通牛奶和脱脂牛奶的区别是什么？
制作拿铁咖啡或卡布奇诺时，牛奶的种类会对味道有影响吗？

| 普通牛奶

普通牛奶是没有去除脂肪的牛奶，含有3%~3.5%的脂肪，入口瞬间可以感受到牛奶固有的甜味和香醇，瞬间入口。试饮以此制成的拿铁咖啡后感觉咖啡和牛奶固有的甜味可以完美地融合在一起，比脱脂牛奶味道更加醇厚。

| 脱脂牛奶

脱脂牛奶是减少牛奶中的脂肪含量的牛奶，含有约2%以下的脂肪，与普通牛奶相比感觉不到醇厚和瞬间入口的香醇。虽然柔和，但会让人觉得咖啡和牛奶固有的甜味搭配不够融洽的口感。

问 题

067

::

不用浓缩咖啡机打奶泡，而用在家里煮的牛奶可以吗？

是可以的。最简便的牛奶加热方法是利用微波炉。但不能从肉眼看到牛奶加热的过程，因此加热时间长就能形成牛奶特有的沉淀膜。因此建议选择平锅或水壶放在小火或中火上加热牛奶。另外市场上出现了很多制作拿铁咖啡专用泡沫的器具，因而在家中也可以制作出利用牛奶制作的咖啡饮品。

问　题

068

: :

咖啡奶油和咖啡伴侣有什么区别?

牛奶的脂肪含量在3.5%左右，将乳脂肪成分含量浓缩为18%以上的牛奶就叫作奶油。在餐饮行业里模仿奶油制作的咖啡奶油一直被叫作“咖啡伴侣”（商标名）。

奶油中含有乳脂肪、蛋白质、乳糖，而咖啡伴侣是使用植物性饱和脂肪（植物油）代替了乳脂肪，为使其易溶于水加入酪蛋白酸钠替代蛋白质而制成的。

问　题

069

::

萃取咖啡时，单品咖啡指的是什么呢?

单品咖啡指的是仅使用不加拼配的单一品种咖啡豆萃取的咖啡。如果说浓缩咖啡是利用经过拼配的咖啡豆萃取出富有均衡感的咖啡，那么单品咖啡就可以看作是萃取出的更为个性的咖啡。

此时考虑到随着烘焙阶段与咖啡豆的大小和轻重的不同，粉碎粗细和使用量要有所不同。经营单品咖啡的店铺根据不同烘焙度，单独调整萃取使用量和粉碎粗细，因此有很多相匹配的磨豆机（或者粉碎机）。

问 题

070

::

有没有打开开关就能自动粉碎咖啡豆后萃取咖啡的机器?

有的。那种机器叫作全自动咖啡机，现在星巴克也将半自动咖啡机更换为全自动咖啡机了。

这种咖啡机只要按动萃取开关就会完成咖啡豆的粉碎直至萃取。优点是方便的同时能感受到咖啡味道的均衡，缺点是咖啡豆禁锢在机器内部受内部锅炉热量的影响迅速被氧化，不适合为表现个性咖啡需要替换咖啡豆的情况，因此可能感觉到不便。

问　题

071

::

家庭用浓缩咖啡机的价格比较低廉,它和咖啡店专用机器区别很大吗?

通常咖啡店专用的半自动咖啡机与家庭用浓缩咖啡机具有不同的性能。半自动浓缩咖啡机的主要功能有浓缩机萃取功能、蒸汽机压力功能、稳定的连续萃取功能。

这是因为其装置了家庭用咖啡机无法相比的大容量锅炉，因此可以萃取多杯咖啡，即使使用蒸汽机也可以稳定操作。

最近家庭用咖啡机中被称为最高级的咖啡机虽然不及咖啡店专用咖啡机，但是配置了高性能的大型锅炉，因此其萃取性能和蒸汽性能取得了长足发展却是不争的事实。但是迄今为止家庭用咖啡机在连续萃取的稳定性方面多少还是有些不足。

问 题

072

::

胶囊咖啡也是浓缩咖啡吗?保质期是多久呢?

每个制作胶囊咖啡的公司推荐的萃取量（平均50ml左右）虽然不同，但都是使用高压萃取方法，因此可以将胶囊咖啡看作是浓缩咖啡。

通常情况下，胶囊咖啡的保质期是1年，这算是长的。

但要斟酌一下在原产地制造的胶囊咖啡到国内通常需要经过1~2个月，若是想要品尝刚粉碎过的新鲜和香浓的咖啡，最好购买适量的距生产日期不超过3个月的胶囊咖啡来喝。

问　题

073

::

购买生豆时需要检验什么呢?

生豆是农产品的一种，在收获后过了一定时间会受保存环境的影响慢慢变化。因此不要以生豆的名气和价格来判断，而是要通过生豆抽样仔细检验。

生豆抽样

确定生豆的品种后整理生豆进口销售公司的目录。

确定好自己所需要的生豆等级后，在订购前先进行样品抽样。

抽样检验事项

1.检验生豆的品质。

□ 生豆的颜色统一吗？

□ 筛网号是否符合等级？

□ 生豆的含水量是否符合新豆标准的10%～13%范围内？

□ 从生豆味中是否能感受到新鲜的淡香和烈香？

□ 300g的样品中瑕疵豆有多少？

2.样品萃取。将生豆浅度烘焙，通过萃取咖啡检验咖啡的味道和香味，然后按照烘焙师所希望的烘焙效果进行烘焙。用手冲滴滤式或浓缩咖啡机等按实际使用的萃取方法检验咖啡的味道和香味。

在韩国销售的生豆大部分是进口，因此种类繁多，等级也多样。在选择生豆时，与其执着于高价生豆、品牌生豆、精品生豆，不如培养自己选择生豆的眼光。理由很简单，优质等级或普通等级的生豆也可以制作出美味的咖啡。

问 题

074

: :

日晒式生豆和水洗式生豆要怎么区分呢？

加工法		日晒式	水洗式
生豆	全部颜色	褐色、黄色	绿色
	 波旁 中央线	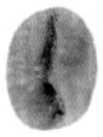 日晒烘干 褐黄色  机器烘干 浅黄色	 日晒烘干 浅黄色  机器烘干 黄白色
咖啡豆	浅度烘焙 中度烘焙		
	深度烘焙		

深度烘焙很难用肉眼区分。

问　题

075

: :

烘焙机要多久清洗一次好呢？

没有固定的周期。因为烘焙机使用时间不同，其清洁时间也是不同的。例如每天使用2～3小时，使用6个月的话就需要清洁了。但是这只不过是根据经验，根据烟囱的排气状态，其清洁时间亦有所不同。最准确的方法是根据烘焙机烟囱的堵塞程度，即在排烟和银皮排出不畅时清洁就可以了。这和烘焙机的容量无关。

作为参考，分离出来的银皮堆积的叫作“集尘器”的装置，根据咖啡机不同，分为位于冷却板底部的一体型和在机器本体外分离的分离型。这部分要在烘焙后使用吸尘器或另外的清扫工具清扫干净，切记如果没有及时清理集尘器，则会有火灾隐患。

问 题

076

::

购买烘焙机时需要重点考虑的是什么呢？

拥有一台自己的烘焙机是每一位烘焙师最大的梦想和目标。因此在购买烘焙机之前体验多种烘焙机很重要。别人的经验只能作为参考而已。重要的是要选择自己体验过的烘焙机。

体验过直火式、半热风式、热风式等多种烘焙机后要选择符合自己追求的咖啡风味的机器。

3种方式的烘焙机不仅有进口产品，还有国内产品，销售的款式有多种。

| 判断标准

烘焙机只要管理得当，可以充分使用40～50年，因此购买时一定要慎重。

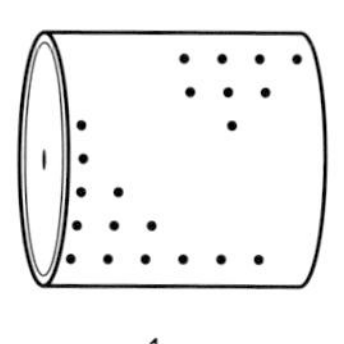

1.
滚筒型形态和材质

2.
火力的强度

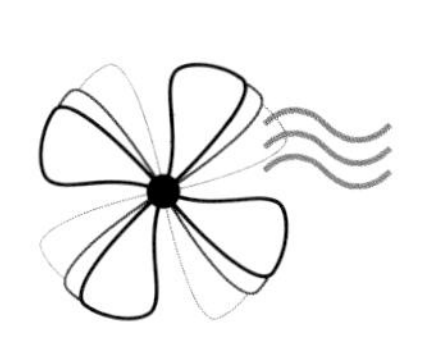

3.
冷却能力

4.
操作简便性

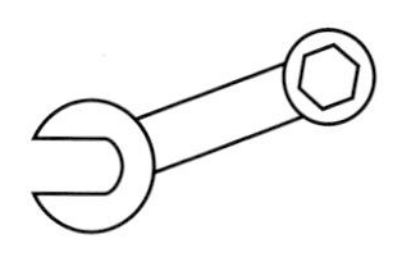

5.A/S,
零部件替换的难易度

DIEDRICH

问　题

077

::

烘焙时咖啡豆银皮排出不畅、烟雾浓烈的原因是什么呢？

首先要检查烘焙机的排气管。如果排气管堵塞的话不仅滚筒内部热量调节变得很难，而且剥离出的银皮和烟雾将排不出去。

接着要检查连接到外部的烟囱。检查烟囱的水平管的堵塞程度，尤其要重点查看烟囱弯曲部位。

1.检查排气引擎。

2.如果不是强制排气而是自然排气方式，那么水平烟囱的长度最好不要超过3m，要注意设置时烟囱弯曲不要超过3次以上。而且外部水平烟囱的长度不要超过7m。因为建筑特性不得不超过尺寸时，要设置另外的强制排气装置才能顺利进行烘焙。

3.将烘焙机从一楼搬至高楼或外部气候呈现低气压时也会出现此类现象，仅作参考。

问 题

078

: :

烘焙时一定要使用风阀吗?

大部分商业用烘焙机都装置着叫作鼓风机（送风机）的换气扇。这个鼓风机使烘焙机内部的空气自然流动，空气流动在机器内部可作为对流热来使用；另一方面利用空气的流动，使烘焙锅里出来的咖啡豆在冷却板内冷却。

烘焙机中的风阀是控制鼓风机带来的自然的空气流动，能够在烘焙锅内部进行调节的装置。

当然并不是所有的烘焙机都配置风阀。像Probat、Gissen等烘焙机是没有风阀而是利用换气扇带来自然空气流动进行烘焙的机器，像富士皇家烘焙机或者泰焕、Diedrich、Toper这样的机器是用手动风阀来控制空气流动的。

烘焙时，通过调节风阀来手动地控制空气流动，根据生豆状态调控合适的热源使生豆受热均匀。因此，并不是一定要使用风阀。

问 题

079

::

烘焙时一爆的爆裂音为什么会听不清楚?

烘焙过程可以看作是生豆的吸热和放热的组合。生豆被投入火热滚烫的滚筒（或者烘焙锅）锅内，通过传导热、辐射热、对流热利用生豆具有的水分将热量传递到生豆组织各处，生豆内部的各种成分受热而分解。

在多种成分分解过程中，生豆的颜色变化，香味变化，体积变化，重量变化，出现爆裂音等发热现象。这样进行中的烘焙过程，我们将通过视觉、嗅觉、听觉来了解，很多烘焙人把靠听觉判断的爆裂音不完整来作为检测标准。

那么，为什么会产生爆裂音呢?

生豆经过加工后含水量变为12%~13%。生豆的含水量在烘焙时经过蒸发下降了1%~3%。剩下的含水量主要受生豆种类、烘焙结束阶段或烘焙时间来控制。

生豆的水分在烘焙刚开始时就开始减少。

到生豆温度达到100℃时，生豆表面的水分蒸发，随着锅炉内热空气流动生豆表面的水分减少，生豆内部组织根据水分平衡将生豆内部水分移动到生豆表面，生豆表面的水分整体上逐渐减少。

之后生豆温度超过100℃后水分就会汽化。这时产生的蒸汽给生豆内部表面带来压力，对剩下的水分也同样施以压力，生豆组织内部的蒸汽压力更加上升，随之引起生豆体积的膨胀。

这时咖啡豆内部组织因体积膨胀到极限而开始裂开，即能听到爆裂音。一爆时爆裂音听不清是因为使用含水量低的陈豆或老豆进行烘焙或使用稠密度低的生豆进行烘焙，或者水分没能顺利汽化导致生豆体积膨胀不好。

问　题

080

: :

烘焙后如何根据咖啡豆的状态判断烘焙是否成功?

1.首先根据烘焙程度检查咖啡豆是否整体均匀烘焙。

2.要将烘焙后的咖啡豆和烘焙前的生豆放在一起评价。

咖啡豆的颜色检验

咖啡豆内部和外部组织的颜色要相同。

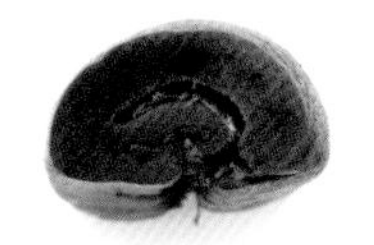

咖啡豆内外部颜色不同

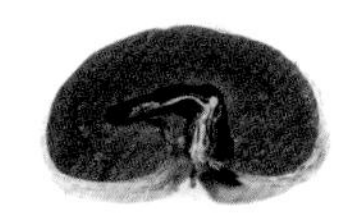

咖啡豆内外部颜色相同

咖啡豆的形状检验

体积膨胀要充分，另外多孔质组织表现要鲜明。

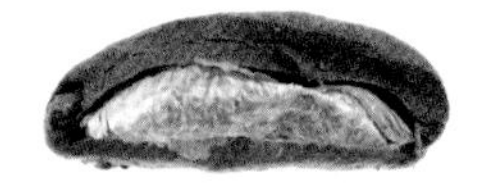

咖啡豆组织张合度不好的

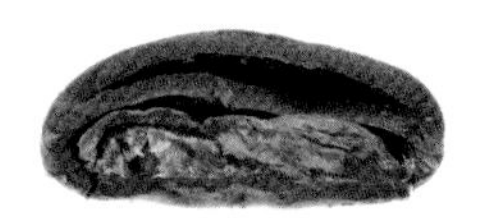

咖啡豆组织张合度好的

咖啡豆的香味检验

受热不畅时

会有腥味、淡香、辣椒香味。

过分受热时

发出刺激的焦煳的味道。

受热合适均匀时

会发出褐变反应时产生的类似坚果类或香油的香味、类似烤面包的香味、砂糖炼制焦糖时的甜香。

咖啡豆的重量检验

比较烘焙前的生豆重量和烘焙后的咖啡豆重量的差异，确认重量是否减少。

根据不同烘焙阶段的状态的判断标准

烘焙阶段	咖啡豆状态	咖啡豆颜色	褶皱程度
浅度烘焙	水分10%以下，稠密度弱的生豆	中间棕色	咖啡豆表面细纹
	水分10%以上，稠密度强的生豆	浅棕色	咖啡豆表面深褶皱
中度烘焙	水分10%以下，稠密度弱的生豆	红棕色	皱纹完全打开
	水分10%以上，稠密度强的生豆	中间棕色	咖啡豆表面细纹
深度烘焙	水分10%以下，稠密度弱的生豆	深棕色	咖啡豆表面油脂完全覆盖
	水分10%以上，稠密度强的生豆	中间棕色	咖啡豆表面油脂完全覆盖

问 题

081

: :

强制排气和自然排气的区别是什么?

小型烘焙机（不足12kg）中日本生产的烘焙机可选择设置强制排气系统，最近面世的外国烘焙机中也有使用强制排气系统的产品。但是可以理解为一般小型烘焙机是利用自然排气系统的。

使用强制排气系统的目的大体上分为两类。

| 设置排气管时，水平管的长度超过3m，垂直管超过7m时

烘焙机排气能力下降，因此要设置强制排气系统。

| 希望咖啡口味表现得更为细腻时

另外设置强制排气系统。尤其是风阀（气阀）性能重要的烘焙机最好设置排气系统。

使用配置风阀（气阀）的日本烘焙机受很多外部天气和环境影响。例如，烟囱的排气状态处于正常情况下时，高气压天气和低气压天气的烘焙感觉

是不同的。

尤其是风阀的开启闭合动作是不同的。因此在低气压天气进行烘焙时要比高气压天提高一个档位，才能用相同的感觉进行烘焙，从而取得相同的产物。

可以看出自然排气和强制排气与风阀性能有着密切的关系。因此，比起自然排气烘焙机，强制排气烘焙机更易细腻稳定地表现咖啡的韵味。这是因为其受外部天气的影响不大。

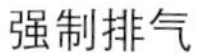

强制排气

自然排气

问　题

082

∷

在使用半热风式烘焙机和直火式烘焙机的过程中，根据机器的不同生豆发生变化的温度也不同，其原因是什么呢?

市场上销售的烘焙机有各种形态。

最常见的是自动旋转的滚筒式烘焙机，还有一些烘焙机，多用于商业用途。

筒内钻有很多小孔的，筒后面有很多小孔的，筒内前后以大窗的形状钻孔的，还有不旋转的滚筒形态的商业用烘焙机也在亮相。

我们根据这类烘焙机的形态进行区分，分为直火式、半热风式、热风式等。更具体地说是根据生豆受热的热源来进行区分的。

烘焙机基本上用3种热源向生豆传递热量。

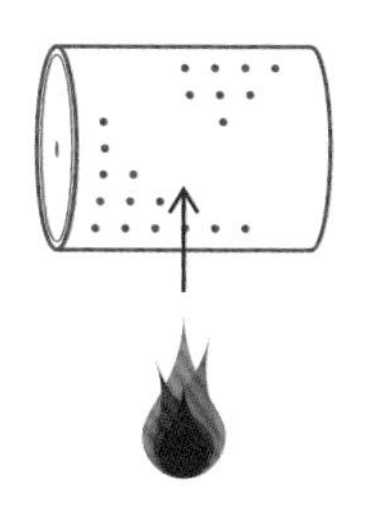

直火式

筒内钻有很多小孔，将火源火力直接传递到生豆表面上或让生豆表面直接触及滚烫的筒壁传递热量。

生豆的热量调节主要靠火力来控制。

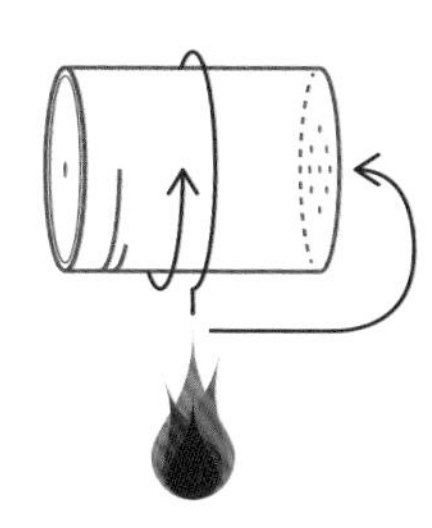

半热风式

内筒是整体封闭的，筒的后面或前面为了使空气易于流动留了小孔。

内筒中传导热、辐射热以及筒内热风的快速循环形成的对流热都源于复合热源。

因此生豆所需的热量受火力和热风的移动速度（排气强度）的影响，比起直火式可以给生豆提供更加稳定的热量。

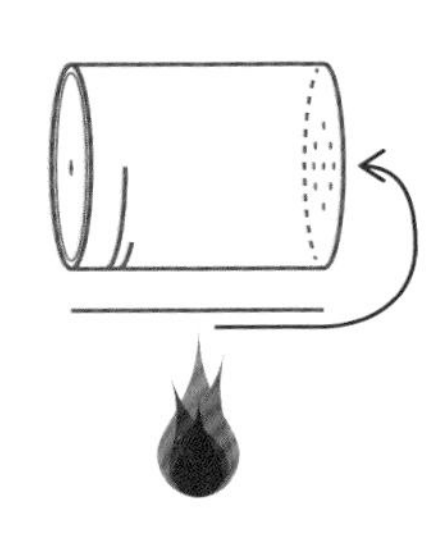

热风式

给旋转的内筒或固定的内筒（滚筒）加热时，不是利用燃烧器直接加热，而是主要让快速流动的热空气进入生豆之间，将生豆放置在内筒或固定内筒进行烘焙的对流热传递。

传导热

生豆直接接触滚烫的表面而受热的情形。

辐射热

生豆被滚烫的表面或被热源的周边产生的热气包裹而受热的情形。

对流热

随着快速移动的热风（变热的空气）受热的情形。

因为使用的热源不同，在烘焙机设置的温度窗上显示的温度也有细微的差别。

温度计根据插在什么地方，时而显示内筒加热程度的传导热或时而显示辐射热的温度。

通常热风的温度比内筒的温度高20～30℃，对控制空气流动的装置风阀的调节表现得很敏感。为了确认热空气的流动，观察空气温度窗会发现，关掉风阀后，温度会慢慢上升，相反打开风阀因热空气的流动加快，温度也会迅速上升。

使用半热风式、热风式烘焙机的时候利用传导热、辐射热、对流热完成烘焙，因此要检验空气的温度变化。有必要测量内筒的温度和空气温度进行检验和比较。相反，直火式烘焙机主要将内筒内部的温度显示在温度确认窗上。供给的火力成为直接影响内筒内部的温度，作为判断烘焙时的火力和温度的基准来使用。内筒内部的温度显示着辐射热程度，比起空气温度可以将内筒内部温度作为烘焙基准。

问 题

083

: :

生豆的量不同，烘焙时需要改变哪些条件呢?

通常为达到最稳定的烘焙效果，生豆的投入量是烘焙机内筒容量的80%。但是现实中不能总是将生豆的量控制在内筒容量的80%，因此随着投入量的变化会产生各种的变数条件。

根据投入量会产生投入温度、中间段的温度、火力强度等变数，各种变数设定的基准会成为烘焙曲线记录的参考。

烘焙曲线是将烘焙过程中烘焙时间和内筒的温度变化作为凭证记录留下的。

生豆所具有的多种成分的分解温度基本是相同的。为了达到热分解的温度会需要一段时间来烘焙，通过调节火力的强度、风阀的开闭使之产生变化。样品烘焙时如果完成了最佳风味的烘焙曲线，那么即使生豆的量有变化，烘焙曲线也不会有太大变化。

比如说，生豆投入量多与生豆投入量少相比较，“①投入温度高；②中间段温度更低；③使用更强的火力”，利用基本的变数，不考虑生豆投入量，使内筒温度每秒或每分稳定上升。

操作的过程中，投入温度的设置、中间段温度的高低、火力的强度大小等数据，经过几次的调整会最终确定下来。

问 题

084

: :

根据自然干燥法、水洗式加工方法等不同的生产方式，生豆的含水量会有所不同，那么，烘焙时需要改变的条件都有哪些呢？

烘焙时为了更好地让生豆受热，需要考虑生豆的含水量和密度。

生豆的含水量不只是由加工方法决定的。根据第一次在原产地进行的加工方法，生豆的含水量会不同。此后，在包装、流通、保管过程中也会出现含水量的变化。因此，为了得到优质的烘焙产物要在烘焙前检验生豆的含水量。

通常比起自然干燥的生豆，水洗式的生豆水分偏多，尤其日晒烘干的生豆比机器烘干的生豆含水量要多。生豆含水量差异越大，越要注意火力调节和风阀调节。

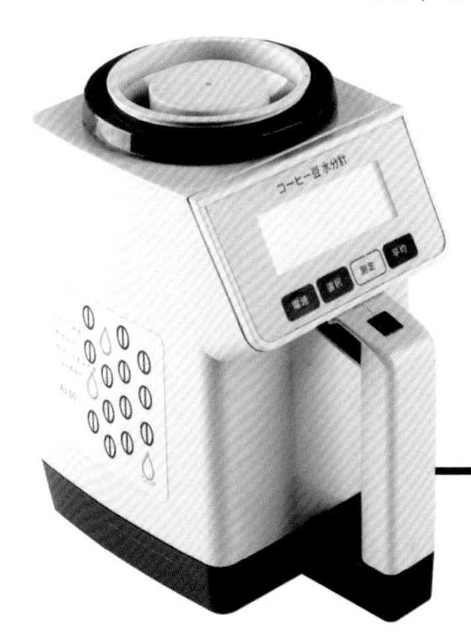

我们来看一下生豆含水量不同时烘焙时的变数条件。

火力调节的差异

含水量高的生豆比含水量低的生豆需要更多的热量，因此烘焙含水量高的生豆要使用更强的火力。

自然干燥法加工生豆

比水洗式加工的生豆含水量少，火力调节要有不同。相同的投入量投入温度可以相同。

投入生豆后达到黄色节点时，比水洗式加工的生豆火力降低一个档位供给火力，要掌握银皮剥离的节点。

水洗式加工的生豆

投入温度相同，在黄色节点上将火力的设定提高到比自然干燥式加工生豆时高一阶段。

比起自然干燥式加工的生豆银皮分离少，咖啡豆表面的褶皱看起来有点深，但在一爆后表现为相似状态，不必像调整风阀时那样格外敏感或反复检验。

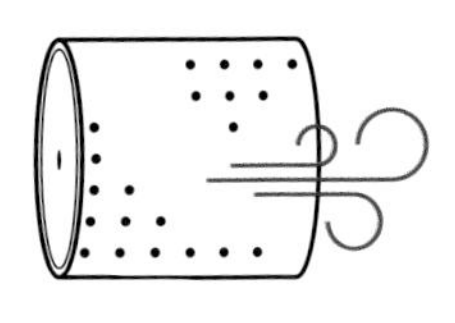

丨风阀调节的差别: 机器装有风阀时

水分多的生豆

投入生豆后立即将风阀关上，生豆颜色变成浅绿色或白色时就要打开风阀。风阀根据银皮分离程度完全开放或稍微开放（排出淡香和腥味是目的），这个过程后会反复开闭风阀，重要的是开放风阀时，对水分少的生豆要多开风阀。

水分少的生豆

投入生豆后将风阀关闭，当生豆的颜色变成黄色的节点时打开。根据银皮分离的量确定风阀的开放程度即可。

丨调节烘焙时间：同样的原产地生豆，含水量却不同

投入相同火力时

整个烘焙阶断发生变化，即水分含量多的生豆烘焙时间延长，在口感和风味上产生差异。根据含水量投入不同火力，统一烘焙时间可以缩小口味和风味的差别。

含水量变化带来的热能变数

烘焙时调节火力是为了生豆散发一定的热量，使生豆的表面到内部可以均匀受热。

生豆需要的总热量（热能），根据生豆量、生豆的含水量、咖啡品种（稠密度）、想要到达的烘焙节点有很大不同。因此在烘焙前要充分了解生豆状态。根据生豆的含水量、生豆的坚硬程度，以及想要的香味来设定烘焙节点和烘焙时间，为了得到充分的热量，确定火力调节的范围或做好火力调节点的计划。

此后经过多次烘焙，根据时间变化节点记录温度上升的曲线图，以此记录为基础，分析烘焙结果，可以将生豆需要的热量及火力调节的标准确定下来。

对生豆所需的热量而言，最大的变数是生豆含水量。

烘焙时所需的热量主要是生豆水分蒸发的热量、加热残存水分所需的热量，以及将生豆含有的各种成分热分解所需的热量，其中蒸发生豆所含水分消耗的热量最多，因此含水量高的生豆比起含水量低的生豆需要更多的热量。

问　题

085

∷

咖啡豆银皮为什么会脱落，而且根据咖啡豆银皮脱落的程度咖啡香味会有所不同吗？

通过内筒的确认舱或确认棒观察烘焙过程会发现，有时咖啡豆银皮分离时间提前而且量多，有时咖啡豆银皮总是断断续续脱落而且量少。

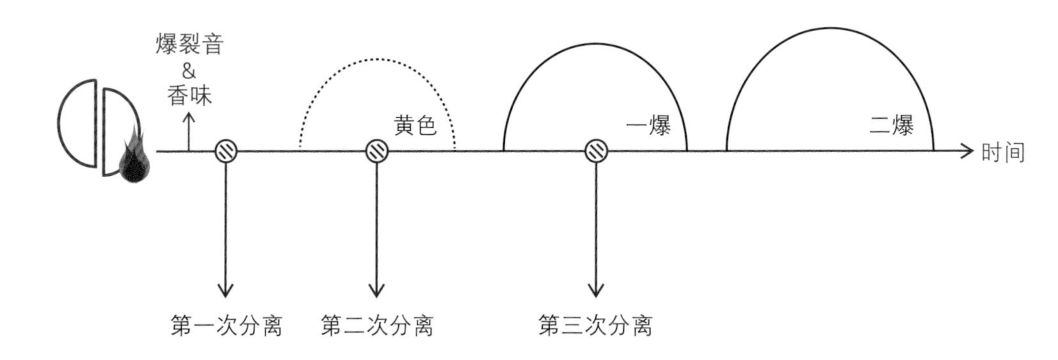

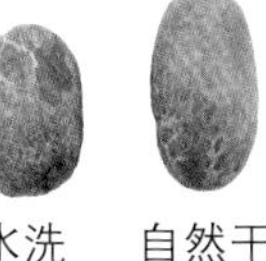

水洗式　自然干燥式

叫作银皮（Siver Skin）的薄皮是咖啡果最里面的皮，是保护生豆的膜。

银皮在产地经过加工后仍然残留在生豆表面。如果是在经过去除银皮的抛光过程或咖啡因加工过程，大部分银皮已经去除，那么烘焙时可以不必在意。但是烘焙附着很多银皮的生豆时，银皮的剥离不畅，可以感受到咖啡的煳味、黏腻、涩感。

另外，使用半热风式机器比起使用直火式机器，咖啡的香味表现得更加清爽。直火式机器不能将剥离出的银皮及时从内筒中移出，薄薄的银皮易燃使咖啡豆中渗进黏腻的香味和煳味。因此，烘焙时要好好判断银皮的分离节点以去除银皮。

银皮因为水分粘在生豆表面，但是生豆表面经过水分蒸发和汽化，多孔质生豆组织会膨胀而脱落。水分的变化不是一下形成而是持续减少，因此如果仔细观察就知道银皮的分离阶段大约有3次的分离节点。

| 第一次分离: 投入生豆后4~5分钟

颜色　浅绿色或者绿白色

香味　淡香和腥味

水分含量少的生豆银皮开始分离。

| 第二次分离: 生豆投入后 6~7分钟

颜色　浅黄色或浅褐色

香味　开始发出甜香，直到减少

| 第三次分离: 生豆投入后8~10分钟

颜色　中棕色

香味　开始发出酸味，直到减少

含水量高的咖啡豆的银皮开始分离。

因此，开始烘焙前一定要评价要使用的生豆的含水量和稠密度，生豆吸收了必要的热量后银皮脱落才会顺畅，那时要将银皮迅速排出内筒外部。

稠密度弱的生豆比起稠密度强的生豆，银皮的分离发生得更快；含水量低的生豆比起含水量高的生豆，银皮的分离更快。相同原理，经过自然干燥式的生豆比起水洗式的生豆，银皮的分离发生得更快。

问 题

086

::

烘焙时检查咖啡豆有时会发现格外多的咖啡豆银皮附着物，这是为什么呢？

生豆表面的银皮根据烘焙时水分减少程度以及由此形成的蒸汽和气体使生豆的体积膨胀程度，脱皮程度会有所不同。

如果粘有很多银皮，就是水分没有充分减少，蒸汽和气体没有充分形成，体积没有膨胀的情况。

烘焙时投入生豆后到发生黄色阶段之前在生豆表面和内部要有适当的水分减少。只有这样才能在黄色阶段通过调节火力达到最佳的吸热效果，以及下一阶段发热过程中体积膨胀和由此带来的银皮分离。

在干燥咖啡樱桃和羊皮纸的过程中，产地的干燥环境或日照不足时，生豆表面的银皮附着力会变强。日晒干燥时如果不能每一两个小时均匀翻晒或日照量不足，导致干燥时间过长，银皮也会更加牢固地附着在生豆表面。

问 题

087

::

生豆的筛网型号不同时烘焙需要注意些什么?

区分生豆等级的标准根据产地不同而有所不同。用筛网型号确定等级基准的国家，型号一般是固定的，但是，根据栽培高度区分等级时除了特等以外，通常型号是不同的。

烘焙大小不同的生豆时，传递的热源均匀，才能得到均匀烘焙的效果。此外再注意几点进行烘焙就可以了。

烘焙方式和热源

比起直火方式，半热风式、热风式更为有利。热源根据传递方式分为辐射热、传导热、对流热。对流热的比重越大，烘焙不同筛网型号的生豆能够得到好的效果，但是如果使用直火方式就要比平时多开几次风阀进行烘焙，也就是提高对流热的比重的方法。

设定投入温度

在低于标准投入温度5℃的温度下投入。

调节风阀

在吸热反应的初期中风阀关闭得要比平时更严密，从发热反应开始的一爆节点开始要将风阀开启得比平时多一点儿。

问 题

088

: :

将从原产地收获不久的生豆进行烘焙时，颜色不是褐色而是朱红色，原因是什么呢？根据生豆的含水量和水分蒸发程度，咖啡豆的颜色也会有变化吗？

根据生豆的含水量烘焙后的咖啡豆颜色会有所不同。含水量高的新鲜的生豆比起含水量低的陈豆或老豆颜色更亮，呈现出接近红褐色的颜色。

相反用含水量低的生豆进行烘焙，则会呈现暗的看起来未熟的颜色。当然即使是新鲜的生豆如果火力和内筒调节失败带来一次发热和二次发热时间差过大的问题的话，生豆含水量也会大大减少，就很难期待烘焙出红褐色的亮色咖啡豆了。

根据生豆的含水量不同，即使是相同产地的生豆在烘焙过程中颜色也会有些不同。

尤其比起发热反应在吸热反应过程中能够发现差别。烘焙初期吸热反应时内筒内的生豆吸收供给的热量开始排出水分，如果供给相同的热量，自然是从含水量低的生豆开始反应，因此颜色变化会快。

另外排出的水分少，咖啡豆表面也会很少出现褶皱。生豆的水分蒸发如果不畅，烘焙各阶段变化的颜色表现多少有些暗，在咖啡豆表面出现干燥的感觉。

因此烘焙过程中在吸热反应节点上要充分供给内筒中的生豆必需的热量，在下个阶段发热反应中则要适当减少火力。

问 题

089

: :

有的咖啡豆在萃取时泡沫会格外多，注入水后不易膨胀，出现吸水后马上流出的现象而脱水。是哪里有问题吗?

烘焙过的咖啡豆萃取时产生的泡沫是气体中的二氧化碳。二氧化碳虽然在低温中易溶，但在高温中就被激活成为泡沫。萃取时泡沫多说明二氧化碳形成多，二氧化碳形成多说明生豆的水分蒸发多。生豆的水分蒸发越多，体积膨胀越多，对细胞的破坏越容易发生。因此在萃取时会出现不易膨胀，吸水后马上流出的现象。

即水分多的新作物随着水分蒸汽化体积过分膨胀细胞被破坏产生的结果。因此需要调节火力来控制蒸汽化。

使用水分少的陈豆或老豆进行烘焙时也有上述丢失水分的现象，但是泡沫并不多。反而偶尔会出现粗糙的泡沫，咖啡表面稍稍膨胀一下随即一下陷下去的现象。

陈豆或老豆本身由于水分少，因此会出现烘焙时水分蒸汽化少、产生的气体少的现象。

这种时候利用挥杆以螺旋形注水方式进行焖蒸困难的话，可以将少量注水换成点式注水方式或者不使用注水、活性化、扩散等过程的手冲滴滤萃取的方法，而是利用其他工具的萃取方法，香味表现得会更好。

从结果来看，烘焙时能够将生豆的含水量适当减少后蒸汽化以达到适当的体积膨胀，火力调节是关键。

浸泡　咖啡粉吸收水分。

活性化　咖啡豆组织内的二氧化碳碰到热水成为泡沫。

扩散　咖啡液体从浓度高的地方向浓度低的地方移动。

问　题

090

: :

双重烘焙指的是什么呢?

是将烘焙过程反复做两次的意思。

首先烘焙机到达期望的投入温度后投入准备好的生豆。在筒内温度达到200℃时投入生豆，用高温进行烘焙至黄色节点停止烘焙。

将滚烫的咖啡豆迅速冷却后随即进行低温烘焙或将冷却后的咖啡豆保管1~2天， 然后进行低温烘焙叫作双重烘焙(Double Roasting)。

双重烘焙需要的生豆

水分含量高（11%以上）的生豆。

将稠密度高的生豆浅度烘焙的情形。

烘焙产物发出淡香和腥味的情形。

烘焙度

烘焙程度从浅度烘焙可以看出效果来。

中度烘焙以上的烘焙可以带来香味变弱和苦味残留口中很久的问题。

方法

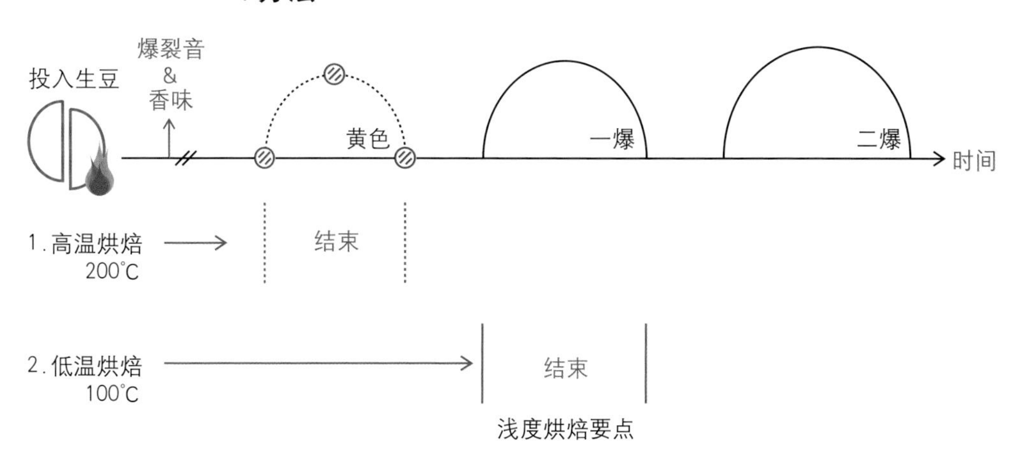

问　题

091

: :

烘焙后的咖啡豆颜色不均匀，其原因是什么？

咖啡豆色泽不均匀的理由如下。

生豆的含水量

生豆的含水量不均衡，因此烘焙时水分变化很难均衡，咖啡豆的颜色就变得不均匀。尤其比起水洗式加工处理的生豆，使用自然加工处理的生豆进行烘焙时咖啡豆的颜色偏差更严重。

内筒的旋转

咖啡豆色泽不均匀的另一个原因是因为内筒没能顺利旋转。生豆如果搅拌不成功，吸热程度会不同，咖啡豆的颜色也会不均匀。使用商业用专业烘焙机的话这种现象不常见，但是如果使用手网或容量小的家庭用烘焙机时搅拌不畅的话，咖啡豆不均匀的可能性很大。因此，使用手网烘焙时，为使生豆均匀受热，要利用手腕翻动，将手网反复摆动；使用家庭用烘焙机时，有必要注意不要使用基准量以上的生豆。

问 题

092

::

在已经预热的烘焙机里投入生豆后，内筒的温度会在下降到一定程度后停止，在其温度不稳定时也可以进行烘焙吗？还是等投入生豆后将内筒温度调整到稳定状态后再进行烘焙呢？

在预热后滚烫的内筒里投入冰凉的生豆，内筒的温度开始迅速下降。接着某一瞬间内筒温度稳定，稍后温度重新上升。

我们将这个点叫作“回温点”（温度停下来的点）和“转换点”（温度重新上升的点）

到回温点所需的时间和回温点的温度会根据各种变数有所不同。

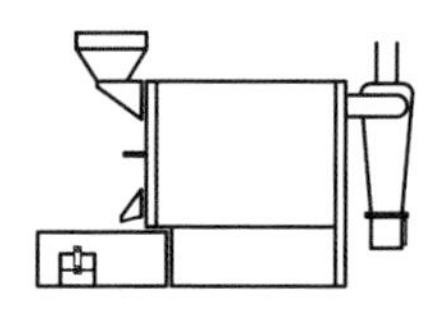

| 根据烘焙机

在相同温度下投入生豆，比起半热风式，直火式的回温点更高。

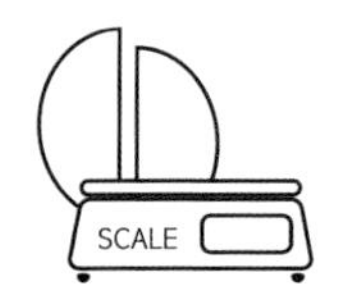

| 根据生豆量

生豆的量占内筒容量的50%以上时回温点要比50%以下时更低。

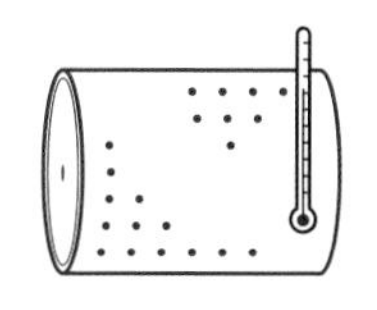

下豆时根据内筒温度

投入相同量的生豆时，内筒温度低时，回温点更高。

下豆后根据燃烧器的火力

即使在相同温度下将生豆投入内筒，比起到达回温点前关掉火力或使用弱火时，加强火力时表现出更高的回温点。

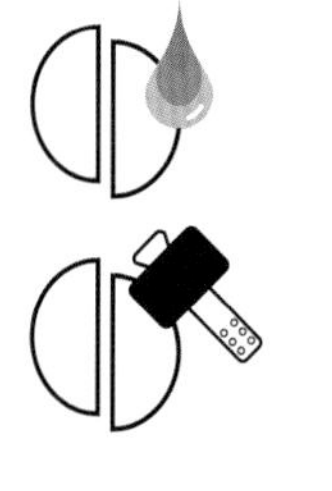

生豆的稠密度和含水量

比起使用稠密度低或含水量低的生豆，使用稠密度高或含水量高的生豆表现出更高的回温点。

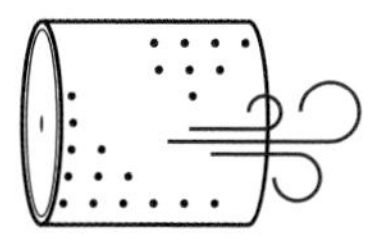

排气状态

比起排气良好，排气不畅时表现出更高的回温点。

根据烘焙季节和室内温度

比起寒冷冬天，炎热夏季回温点会更高。

像这样，使回温点产生变化的因素有很多。回温点设定以烘焙机型号为基准进行判断。

DIEDRICH

问　题

093

: :

烘焙时投入生豆后，生豆由绿变黄并发出甜香。使用的生豆不同，发出甜香的时间或内筒的温度也会有所不同，有无区分的方法？

烘焙时黄色阶段可以看作是将生豆第一次投入内筒，生豆含有的水分减少到一定程度，热传导从表面到内部按顺序进行，这就是产生褐变的阶段。

褐变的典型反应有美拉德反应和焦糖化反应。根据这两种反应制成的焦糖产物和蛋白黑素产物使咖啡豆和咖啡呈现褐色。焦糖化典型的例子是果糖中生成麦芽酚(Maltol)。麦芽酚是散发着使人心情愉悦的焦糖香的典型化学物质，是易溶于水的水溶性物质。另外美拉德反应是不使用酶的褐变过程，还原糖和氨基酸起着反应。美拉德反应对咖啡烘焙时的颜色和香味形成很重要。大部分的香味物质通过美拉德反应生成。

开始褐变的黄色阶段会根据生豆的品种、生豆的加工方式、生豆的含水量的不同而出现在不同的时间点上。

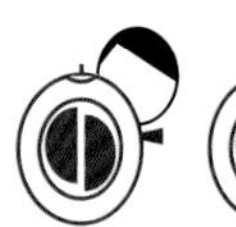

| 根据生豆品种

比较铁毕卡种、波旁种、卡图拉种3个代表性品种，将新作物，含水量10%的相同条件的生豆投入相同内筒烘焙，进入黄色时间点最快的顺序是铁毕卡种、波旁种、卡图拉种。越是稠密度高的品种，其颜色的变化越慢。因为稠密度高的品种供给的火力达到生豆的中心，吸收的时间会变长。

根据生豆的含水量

生豆含水量越小，其进入橙黄色时间节点越快。投入内筒里的生豆立即开始吸热反应排出自身水分，其含水量越少，排出时间越短，进入橙黄色时间节点越快。

根据生豆的加工方式

自然加工生豆比水洗式加工生豆进入橙黄色时间节点来得更快，持续更久，甜香也表现得更强。区分橙黄色时间节点的甜香最准确的方法是通过嗅觉正确掌握甜香的开始时间节点和甜香最强的时间节点、甜香减少的时间节点。浅黄色时间节点即甜香的起始点，因此在通过向橙黄色时间节点变化的过程中，要集中检验甜香的种类和强弱。而且在橙黄色时间节点上对甜香的散发感受最强，经过此时间节点后慢慢减少。

问　题
094

: :

烘焙后冷却咖啡豆的时间对咖啡豆的香味会有影响吗?

烘焙后的咖啡豆，未经冷却直接萃取来喝，就会有煳味和煳香。尤其是炎热的夏季，室温很高，烘焙过的咖啡豆冷却时间会延长，煳味和煳香也会更突出。

生豆达到吸热放热时的内筒温度通常都在200℃以上。生豆在极高温中产生热分解。将滚烫的咖啡豆从内筒中结束烘焙就要迅速进行冷却。因为即使排出的咖啡豆从内筒中的热力中解脱出来，由于咖啡豆的内部残余热量还能使烘焙继续进行，所以就算在所需温度上排出咖啡豆也未必能得到期待的香味。

如果将下锅的咖啡豆放在室温中自然冷却，会发出失去咖啡豆香和韵味的劣质味道，即使没有煳也会发涩。因此将滚烫的咖啡豆迅速而有效地冷却是烘焙过程中非常重要的阶段。将烘焙结束的咖啡豆正确迅速地放凉才会带来好味道，所以最好是烘焙结束后在2~3分钟之内将咖啡豆放凉至可以手摸的程度。

市场上销售的商业用烘焙机附着冷却板，排到冷却板上的滚烫的咖啡豆通过设置在烘焙机内部的换气扇（送风机）的吸取性能将热气吸到外部从而变凉。

因此购买烘焙机时要考虑换气扇的性能。

并且还要查对一下进行烘焙的场所的室内温度。

比较仲夏的冷却时间和严冬的冷却时间，可以确定严冬冷却更为理想。

因此仲夏时冷却要格外用心，摸索最大限度尽快冷却的方法。因此，在仲夏有时为了更强力的冷却而需要加快换气扇的旋转速度，将冷却用换气扇和内筒用换气扇分离开来，有时烘焙数十千克的大容量生豆时利用水来迅速冷却。

利用水冷却时重要的是烘焙刚结束时，要一点点慎重地使用水，向滚烫的咖啡豆洒水时不能超过可立即蒸发的量。因为冷却期间吸收很多湿气的咖啡豆，它的香气会在一两天内迅速变淡。

问　题

095

: :

之前常用的烘焙机，烘焙时一爆会持续8~9分钟，但是将烘焙机换成其他工具，烘焙时一爆大约在6分钟，比平时要短很多。哪里有问题呢？

在相同烘焙阶段排出的假定下，我们来看一下。

内筒温度上升快在火力调节方法相同的前提条件下，由于火力调节而生成的热量，不能全部被生豆吸收，部分热量留在筒内，因此温度上升更快。

像这种情况，生豆的稠密度或生豆的含水量不同这一变数成为前提。一定是使用了稠密度比平时低或含水量比平时高的生豆。

而且由于上述两种情况下生豆温度发生变化，随之回温点发生变化，回温点如果发生变化，则需要初期火力发生变化，但是没有与其相关的变化，所以烘焙时间好像短了很多。

问　题

096

::

咖啡豆表面产生黑点，这是为什么呢？

blister

黑点说的是咖啡豆表皮脱落出去的位置烧掉的现象。咖啡香味中会出现多余的煳味和煳香。

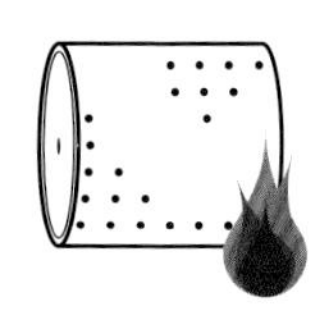

丨火力调节的问题

内筒里的生豆比起吸热阶段，发热阶段反应更突出。火力需要按阶段慢慢提高和降低。尤其需要注意越是稠密度低的生豆反应越敏感。

在第1次发热结束后第2次发热开始的时间节点会加长，这是因为内筒里的咖啡豆所需的热量没有得到充分的供给。换句话，筒内的热均衡被打破了。因此，要核对一次发热后二次发热前的时间，提升适合投入的火力。使用直火方式时要特别注意，这时提升的火力要参考吸热反应时给的火力。

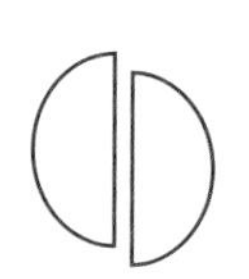

丨生豆的问题

生豆在产地没有被完全干燥。比起机器烘干生豆更多发生在日晒生豆中。生豆的含水量越不均衡，发生得越多。即以一粒生豆为基准水分不同时会发生水分低时生豆表皮部分掉落的现象。

尤其是比起稠密度低的生豆更多发生在稠密度高的生豆上。

冬季生豆结冰的情形

在温度低的地方保管生豆时生豆的水分会结冰，如果无视这个现象，和平常一样进行烘焙就会发生咖啡豆表皮裂开的现象，尤其多发生在稠密度高的生豆中。

为弥补此类现象，要将结冰的生豆融化到一定程度，缓解生豆组织然后将火力提升至想要的标准再进行烘焙。这时下豆后在完全关掉燃烧器的状态下，根据投入量仅利用2~3分钟内筒内部的余热即可。

问　题

097

: :

在香味最佳的烘焙节点排出咖啡豆，总感觉余味不足，没有弥补的方法吗？

烘焙时间和烘焙阶段对香气形成和香味表现有很大影响，由此对咖啡品质造成差异。

不同的烘焙师，烘焙风格是不相同的。

比如说，有些烘焙师可以灵活运用强火力短时间烘焙的高温短时间烘焙方法，有些烘焙师可以灵活运用弱火力长时间烘焙的低温长时间烘焙方法。

或者将排出阶段设定为一次发热附近阶段，也可以设定为二次发热以后阶段。我们通常用浅度烘焙、中度烘焙、深度烘焙来区分是为了表现这个排出阶段。比起浅度烘焙，深度烘焙排出阶段强调更高浓度的萃取、更低的酸味、更高的酸度、更苦的成分。并且比起烘焙时间长的情形，短时间的萃取率高，整体酸味增加，咖啡豆的含水量变得更多。

因此很多烘焙师以这些作为基础，确定是将香作为重点来设定烘焙排出阶段还是将味道作为重点来设定，通过评价生豆制订烘焙计划。

但是想要配合咖啡的特殊香和味的调和并不容易。

干香和温香等通过鼻子闻到的香味，即使很轻很淡，但真正喝咖啡时从口中感受到的滋味太酸或太苦的概率还是很高的，相反，将重点放在口中的滋味或余味上，用鼻子来闻的咖啡果香就会太刺激。

为弥补上述两种情况的缺点，全光秀咖啡培训学校使用叫作余热的方法。

浅度烘焙时使用为了加强丰富的香和有均衡感的焦糖香，在一次发热即将结束时将火力完全关掉再多进行30秒后排出余热的方法；深度烘焙时则使用能使刺激的香和苦味更柔和一些的咖啡油，经过二次发热节点咖啡豆表面覆盖咖啡油后将火力完全关掉再进行30秒后排出余热的方法。

我们来比较一下除了这种余热方法的技巧外能将香味更差别化一些的高温短时间烘焙和低温长时间烘焙两种方法。

| 高温短时间烘焙

主要适合半热风、热风方式烘焙机，是使用高投入温度(195~205℃)和强火力在短时间（约15分钟）内使咖啡豆内部组织充分膨胀的方法。

是目前最提倡的方法之一。

优点：强烈表现咖啡香，咖啡豆表面有光泽，颜色亮。

缺点：稍有不慎就会发出草香和腥味，香气保存能力下降，可烧毁咖啡豆组织，浅度烘焙时表面会产生很多褶皱。

| 低温长时间烘焙

适合直火方式烘焙机，和高温短时间烘焙是相反的概念。低投入温度(100~110℃)下用弱火慢慢翻炒。在浅度烘焙含水量多、稠密度高的新鲜咖啡豆时使用会得到更好的效果。

优点：即使浅度烘焙也没有草香和腥味，咖啡豆表面褶皱少，和高温短时间烘焙相比香味保存好。

缺点：中度烘焙以上翻炒时香味损失多，即使是相同烘焙度，咖啡豆整体颜色发暗。

比起深度烘焙，浅度烘焙更有效。

问　题

098

: :

脱咖啡因的咖啡豆怎样进行烘焙呢?

在高温液体中浸泡后晾晒的咖啡豆，在除去咖啡因后，再进行烘焙，需要更为细心地观察。

首先，生豆的颜色不像一般生豆是绿色系列的颜色，而是像栗子蒸熟后晾晒的褐色。

因此用视觉来判断生豆的变化多少有些没有根据。在观察烘焙中的生豆变化时要通过判断声音和香味的变化来选择烘焙结束的时间节点。

通常脱咖啡因的生豆烘焙比一般生豆进行的要快得多。这是因为经过咖啡因去除过程，很多组织变软，热吸收快而且容易形成，烘焙时脱咖啡因生豆需要的总热量比别的一般生豆低。

因此烘焙脱咖啡因生豆时，要比烘焙一般生豆所定的基准投入温度低10~20℃，使用比基准火力更弱的火力。

问　题

099

::

使用新烘焙机时，需要重点查哪些项才好呢？

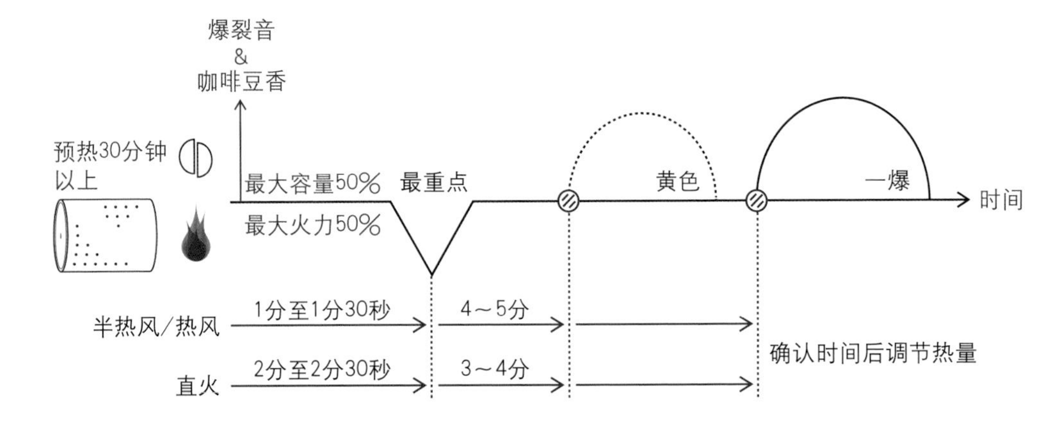

1.打开要使用的烘焙机的电源后给燃烧器点火。

2.进行约30分钟以上充分预热。

3.确认微压表的煤气压力。确认煤气压力的最大值，将煤气压力设定为50%最大煤气压力。

4.将生豆的投入量调节至最大容量的50%。

5.投入生豆后内部温度开始下降时检查停止点即回温点。大部分烘焙机在半热风状态下投入生豆后从1分至1分30秒回温，直火状态时从2分至2分30秒回温。回温点出现的时间短意味着目前供给的火力强，所以要减弱火力完全关闭燃烧器。相反，回温点出现的时间比标准时间长并且温度还是继续下降，意味着供给的火力弱，要提升火力使回温点出现的时间进入基准时间范围内。

6.检验筒内的咖啡豆变成黄色的时间。通常直火式烘焙机在生豆投入后大约4分钟后开始变色。半热风式或热风式烘焙机中的生豆颜色变化比直火式烘焙机稍晚点，大约5分钟后开始变化。如果黄色时间和上述时间有出入，首先要变更回温温度或回温时间。

7.检验一爆连接音时间，并按实际情况应对。

问　题

100

: :

进行烘焙时人们不能忽视的是什么呢?

烘焙是利用火力将咖啡具有的多种味和香赋予生命，充分展示自身魅力的有趣的工作。

烘焙的每一瞬间发展得非常迅速，在眼前呈现多种变化，检验多种变数，具备根据实际状况处置的能力是必要的。

检验生豆

有必要对自己要炒的生豆进行正确评价。

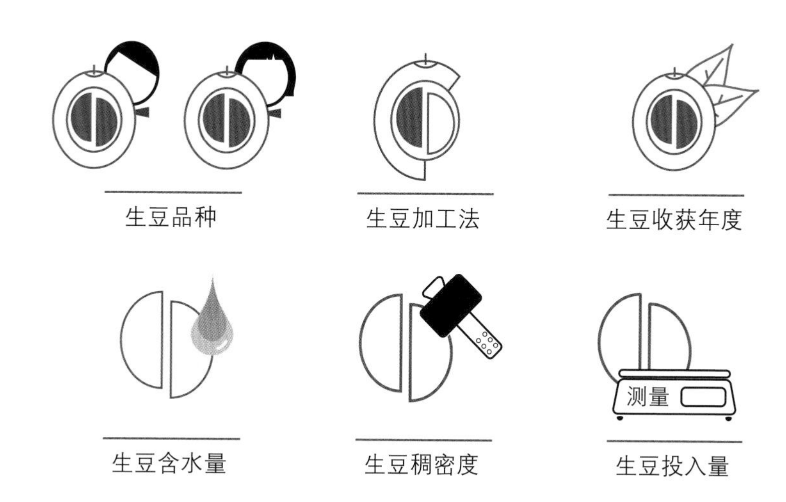

检查烘焙机

要了解使用的烘焙机的特点。

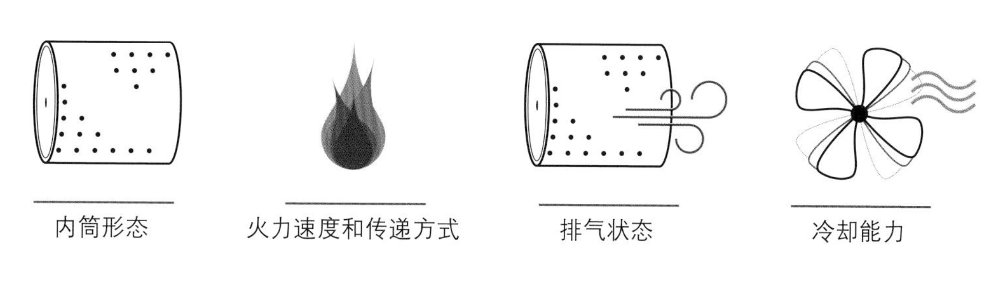

预热

充分的预热是必需的，所以最少预热30分钟以上。

烘焙过程分类

烘焙过程大体上可分为黄色节点、一爆发热节点、二爆发热节点等三部分。

烘焙时还要检验各方面的变数。

根据生豆的品种

除铁毕卡种、波旁种、卡图拉种外，和其他品种混合的生豆等在烘焙各阶段产生的生豆反应和烘焙时间、温度等确认后，记录下来当作资料使用。

根据生豆的含水量

投入相同容量时根据含水量检查烘焙各阶段现象。使用风阀时操作能力娴熟才能取得更有特征和安全感的产物。

根据加工方法

要了解日晒式生豆和水洗式生豆烘焙各阶段香味的差别和银皮的排出节点。

根据生豆投入量

要检查投入烘焙机的最大容量时、投入适当容量时、投入最小容量时的每一节点的回温和投入温度的变化以及火力。

丨根据稠密度

根据生豆的软硬程度掌握各烘焙阶段的差异。

烘焙时间和温度的检查是基本的，然后就是检查香味的变化，对于不同的生豆变化的香味种类和强弱的差异，只有通过细微的嗅觉才能准确判断出来，持续地进行练习，会更好地展现咖啡的味道和香味。

커피 입문자들이 자주 묻는 100 가지
Text copyright © Jeon's Coffee Academy, 2015
All Rights Reserved.
This Simplified Chinese edition was published by Liaoning Science & Technology Publishing House Ltd. in 2019 by arrangement with Dal Publishers through IMPRIMA KOREA.

©2020 辽宁科学技术出版社
著作权合同登记号：第 06-2016-45 号。

版权所有・翻印必究

图书在版编目（CIP）数据

咖啡入门100问 / （韩）田光寿咖啡培训学校著 ；金红华译. — 沈阳 ：辽宁科学技术出版社，2020.5
ISBN 978-7-5591-0801-2

Ⅰ. ①咖… Ⅱ. ①全… ②金… Ⅲ. ①咖啡－问题解答 Ⅳ. ①TS273-44

中国版本图书馆CIP数据核字(2018)第146111号

出版发行：辽宁科学技术出版社
（地址：沈阳市和平区十一纬路25号　邮编：110003）
印 刷 者：辽宁新华印务有限公司
经 销 者：各地新华书店
幅面尺寸：168mm × 236mm
印　　张：12.5
字　　数：190 千字
印　　数：1～4000
出版时间：2020 年 5 月第 1 版
印刷时间：2020 年 5 月第 1 次印刷
责任编辑：朴海玉
封面设计：袁　淑
责任校对：栗　勇

书　　号：ISBN 978-7-5591-0801-2
定　　价：49.80元

投稿热线：024-23284740
邮购热线：024-23284502
E-mail:mozi4888@126.com
http://www.lnkj.com.cn